喀斯特地区植被与土壤层水文效应研究

周秋文　周　旭　罗　娅　胡丰青　著

科学出版社
北　京

内 容 简 介

本书在简要介绍中国西南喀斯特地区自然地理特征、生态环境问题的基础上，以喀斯特地区植被与土壤层水分为研究对象，通过野外定位观测结合室内实验分析的方法，从林冠截留、树干流、枯落物及土壤层水分调节、地表产流与侵蚀产沙等方面，合理解析喀斯特植被与土壤层水文过程及机制，为科学评价喀斯特林地的水土保持功能和石漠化地区植被恢复措施提供参考。

本书可供从事生态水文、喀斯特生态环境、流域管理等工作的专业技术人员参考，也可作为生态水文相关专业研究生的参考教材。

图书在版编目(CIP)数据

喀斯特地区植被与土壤层水文效应研究 / 周秋文等著. — 北京：科学出版社，2020.6

ISBN 978-7-03-065468-7

Ⅰ.①喀… Ⅱ.①周… Ⅲ.①植被-岩溶水文学-研究②土壤水-岩溶水文学-研究 Ⅳ.①P641.134

中国版本图书馆 CIP 数据核字（2020）第 099799 号

责任编辑：叶苏苏 / 责任校对：彭 映
责任印制：罗 科 / 封面设计：墨创文化

科学出版社 出版
北京东黄城根北街16号
邮政编码：100717
http://www.sciencep.com

成都锦瑞印刷有限责任公司印刷
科学出版社发行 各地新华书店经销
*
2020年6月第 一 版 开本：B5（720×1000）
2020年6月第一次印刷 印张：8 3/4
字数：180 000

定价：99.00 元
（如有印装质量问题，我社负责调换）

贵州省国内一流学科建设项目：贵州师范大学地理学(黔教科研发[2017]85号)

贵州师范大学一流专业建设项目：地理学

贵州省本科教学工程建设项目：地理与环境生态大学生创新训练中心(2016DC03)

贵州省科技计划项目：乌江上游典型流域植被恢复的水文响应研究(黔科合基础[2019]1433号)

国家自然科学基金委员会-贵州省人民政府喀斯特科学研究中心项目：喀斯特生物多样性形成和维持的钙依赖机制及其应用基础(U1812401)

前　言

喀斯特地区面积占全球陆地面积的 12%，集中连片的喀斯特地貌主要分布在北美东部、欧洲中南部和中国西南地区。其中，中国西南地区是世界上喀斯特地貌分布最广、最集中、发育最强烈的地区，其生态环境问题是当今国内外研究的热点。20 世纪 90 年代以来，为了改善我国西南喀斯特地区严重的石漠化状况，相关部门开展了大规模的植被恢复工程。这些工程的实施，使得喀斯特地区石漠化问题得到了一定程度的改善。以毕节为例，1988～2014 年，通过退耕还林，森林面积从 601 万亩(1 亩≈666.67 平方米)增加到 1862 万亩、森林覆盖率从 14.9%增长到 46.2%。中国西南喀斯特地区长时间、高强度的石漠化治理工作，使得该地区成为植被恢复效果最明显的地区之一。

在喀斯特地区，长期强烈的岩溶作用导致地表以下基岩中裂隙、管道发育，降水迅速下渗，地表蓄水能力差，干旱灾害频繁。喀斯特地区基岩不隔水，因此与其他非喀斯特地区相比，喀斯特地区枯落物层和土壤层的水文调节功能就显得尤为重要。受近年来中国西南喀斯特地区植被显著恢复的影响，枯落物和表层土壤的状况也发生了明显的变化。

全书共分为 8 章：第 1 章为绪论，主要讲述了喀斯特地区植被与土壤层水文效应的相关研究进展；第 2 章为适用于喀斯特山地的人工模拟降雨器研制；第 3 章为喀斯特林地植被截留分配效应；第 4 章为喀斯特地区枯落物与土壤层持水效应；第 5 章为喀斯特地区植被及地形因素对土壤水的影响；第 6 章为不同枯落物和表层土壤组合状况的径流效应；第 7 章为马尾松林及其枯落物的地表径流效应；第 8 章为喀斯特林地土壤抗蚀性与抗冲性分析。

本书由周秋文、周旭、罗娅、胡丰青编写大纲。第 1 章由周秋文、周旭、罗娅、胡丰青撰写；第 2 章由周旭、胡丰青、郭兴房撰写；第 3 章由周旭、胡丰青、颜红、马龙生撰写；第 4 章由罗娅、崔兴芬、韦小茶、罗雅雪撰写；第 5 章由罗娅、孙智妍、罗雅雪、张思琪、岳彩雯撰写；第 6 章由周秋文、胡丰青、李璇、杨发英撰写；第 7 章由周旭、李璇、龙阳阳撰写；第 8 章由周秋文、刘宽梅、龙小梅撰写。

本书的编写与具体科研工作得到了作者所在单位贵州师范大学相关领导、老师的大力支持与帮助，在此一并致谢。

由于学识和能力有限，书中难免存在不当之处，恳请广大读者批评指正。

目　录

第1章　绪　　论

1.1　研究背景与意义

在世界人口数量快速增长和城镇化进程加快的背景下，出现了淡水资源短缺、旱涝灾害频繁和水污染严重等水资源问题。同时，森林资源锐减和水土流失等生态环境问题凸显，并由此出现了全球性生态环境不断恶化的现象，不合理的人为活动严重阻碍社会、经济和生态的可持续发展。

森林和水是人类生存与发展的重要物质基础，也是森林生态系统的重要组成部分，森林是陆地生态系统的主体，水是系统中物质循环和能量流动的主要载体(高甲荣　等，2001)。全世界森林面积多达430亿公顷，占地球表面积的30%以上；水是森林生态系统中最活跃的物质流，对森林的生长的和经营管理有着不可替代的作用，两者的关系是当今生态水文学的重点研究领域(张志强，2002)。森林生态水文效应是森林和水相互作用及其功能的综合体现，森林通过林冠层、枯枝落叶层和土壤层对降水、蒸散发、径流、泥沙输出和水质等水文过程中水量平衡各环节产生影响，在涵养水源、调节径流、减少泥沙、改善水质、调节气候和减少极端水文事件的发生等方面具有重要意义(王德连　等，2004)。

枯落物层与土壤层是连接地表水与地下水的纽带，在水资源的形成、转化及消耗过程中发挥着重要作用，与农业、水文、生态环境等都有密切联系(雷志栋　等，1999)。土壤水不仅是衔接四水转换和循环的核心，也是水资源的重要组成部分(肖洪浪　等，2007；易秀和李现勇，2007)。中国可更新的水资源主要来源于降水，其中土壤水通量占降水总量的67%，具有非常大的开发潜力(刘昌明，2005)。因此，枯落物和土壤层不仅对流域水循环过程有重要的影响，也是水资源可持续利用必须考虑的重要因素。

喀斯特是一种非常脆弱的生态系统，其土壤贫瘠，水文过程变化迅速，植被生长过度依赖生境条件(刘再华和袁道先，2000；姚长宏　等，2001；苏维词，2001；李阳兵　等，2002；熊康宁　等，2012)。在喀斯特地区，长期强烈的岩溶作用形成了有别于其他地区的特殊的二元水文结构(杨明德和梁虹，2000)。受这种二元结构及土层浅薄的影响，喀斯特地区土壤持水性能低，水资源漏失、深埋(Zhang et al.，2011)，加上降水时空分布不均、缺乏植被系统的调节，导致能转化为绿水的降水较少，大部分降水在短期内直接进入河道或渗漏到地下暗河，成为难利用的蓝水。在地表经常性缺乏有效蓝水的情况下，土壤水分作为喀斯特地区重要的水资源，对其进行有效利用对于喀斯特地区的生态恢复和农业发展有着重要意义。

贵州喀斯特地貌广泛发育，作为我国喀斯特地貌发育最强的省区之一，其喀斯特地貌面积占全省总面积的 73%，大量县市有喀斯特地貌分布(苏维词和周济祚，1995；王庆玲，2009)。贵州喀斯特生态环境自身具有脆弱性，加上人类对森林资源的不合理开发及对森林的保护意识不够，导致森林生态结构遭到破坏，生态环境恶化加剧，严重威胁人类的健康。统计显示，贵州地表土每年流失量高达 1 亿多吨，地表侵蚀面积占全省总面积的 28.4%，达 7.6km^2，石漠化面积则以每年 900km^2 的速度在蔓延。严重的水土流失及石漠化，不仅降低了人们的生活质量，还严重阻碍了贵州经济的可持续发展，改善生态环境成为贵州经济可持续发展过程中亟需解决的问题。

1.2 喀斯特林地植被截留研究进展

森林与水的关系是当今森林生态学研究的核心问题之一(高甲荣 等，2001)。森林是陆地生态系统的重要组成部分，其面积占陆地总面积的 33%，具有良好的水土保持功能(罗海波 等，2003)。研究森林截留与降水的关系，有助于刻画生态系统中降水的传输过程与机制，进而揭示其对生态系统结构、能量代谢和生产力的影响。森林不仅能够提供凝结核，促进降水的产生，并且森林冠层作为降水后第一个作用层，对大气降水的重新分配具有重要意义(袁嘉祖和朱劲伟，1984；万师强和陈灵芝，2000)。大气降水通过森林林冠层后形成了林冠截留、穿透雨及树干流，使降水在数量上和空间上重新分配，进而影响森林生态系统的水文过程和水量平衡(姜海燕 等，2008；徐丽宏 等，2010)。因此，研究林区植被与降水分配之间的关系，降水发生后的林冠层截留、树干流和穿透雨的比例构成，对掌握区域水文循环过程和水量平衡具有极其重要的作用(田野宏 等，2014)。喀斯特地区是典型的生态脆弱区，其土壤贫薄，保水保肥能力差，成土速度十分缓慢，植被生长受制于恶劣的自然环境(王世杰 等，1999；何师意 等，2001a)。此外，喀斯特地区水文过程变化迅速，受降水影响较大，植被生长过度依赖环境条件(何师意 等，2001b；姚长宏 等，2001；黄成敏 等，2003)。因此，研究该区域森林与降水的作用关系，以及喀斯特森林降水再分配特征，定量描述喀斯特森林与降水的关系，了解喀斯特森林不同林层对降水的截留作用，有助于了解区域生态水文的调节机制，为森林涵养水源、防治水土流失提供科学的参考。

当前，已有学者(吴彦 等，1997；周正朝和上官周平，2006；赵洋毅 等，2008；

卢红建 等，2011；常玉 等，2014)从森林与降水的关系方面开展研究并取得了相应的成果，主要从林冠截留、不同地区以及不同林分、不同林层截留分配等方面进行了研究。例如，周佳宁等(2014)对三峡库区典型森林植被对降水再分配的影响进行了研究；李道宁等(2014)对江西省大岗山主要森林类型降水再分配特征进行了研究；姜海燕等(2007)对大兴安岭几种典型林分林冠层降水分配进行了研究；孙忠林等(2014)对两种温带落叶阔叶林降水再分配格局及其影响因子进行了分析；纪晓林等(2013)利用泡枝法对燕山北部山地落叶松人工林及天然次生杨桦林对降水的截留量进行了研究；田野宏等(2014)对大兴安岭北部白桦次生林降水再分配的特征进行了研究。当前对针叶林植被截留分配的研究主要包括：崔鸿侠等(2014)对神农架 3 种针叶林土壤碳储量进行比较分析，刘菊秀等(2000)对广东鹤山酸雨地区针叶林与阔叶林降水化学特征进行研究，吴庆贵等(2016)对高山森林林窗对凋落叶分解的影响进行研究等。从以上分析可见，目前针对喀斯特林地降水截留分配的研究较少。虽然喀斯特地区植被长势相对较差，森林面积小，但是喀斯特森林仍然在涵养水源、防止水土流失方面具有重要的生态意义。

1.3　喀斯特枯落物与土壤层水文效应研究进展

1.3.1　喀斯特林地枯落物与土壤层水文效应

森林在整个生态系统中具有调控气候、改善环境、截留降水及维护生态平衡等生态效益(田超 等，2011；卢振启 等，2014)。大气降水经森林垂直结构的林冠层重新分配后，一部分降水被林冠截留，一部分穿过林冠层，被枯落物截留，渗入土壤，完成大气降水的循环过程(贺淑霞 等，2011)。枯落物是森林生态系统的重要组成部分(王波 等，2008；郭汉清 等，2010)，作为有效截留降水的第二层次，其对截留降水、涵养水源、防止土壤溅蚀、调节地表径流等具有重要意义(徐娟 等，2009；莫菲 等，2009；张卫强 等，2010)。同时，森林结构中的土壤层又是大气降水下渗的天然通道，土壤毛管孔隙能够储存大量水分，土壤是大气降水的天然储存库(周志立 等，2015)。因此，土壤在涵养水源方面同样发挥着至关重要的作用。

贵州是我国喀斯特地貌发育最典型省区之一，缺水少土是其典型特征(俞月凤 等，2015；许璟 等，2015)。受水土因素的限制，贵州喀斯特地区虽然森林植被面积较小，但是其涵养水源、防止土壤流失的作用却不可忽视(张喜 等，2007；刘玉国 等，2011)。因此，对喀斯特地区不同森林类型枯落物吸水过程的动态变化规律及土壤水分变化规律的准确掌握，既有利于分析枯落物及土壤对生态环境的影响，也有利于研究森林枯落物对降水的截留再分配作用，有助于全面了解该区域不同森林枯落物及土壤层水文特征。

国内外学者对森林枯落物水文效应做了大量研究。Neris 等（2013）研究了枯落物层的径流和水土流失效应。王佑明（2000）对中国林地枯落物持水保土作用做了综述性报道。考虑到枯落物水文效应的区域差异，国内许多学者对不同地区的森林枯落物持水作用进行研究，涉及区域包括河北雾灵山、重庆四面山、北京十三陵等（王波 等，2008；郭汉清 等，2010；卢振启 等，2014）。在对贵州喀斯特地区的枯落物持水性进行的研究中，学者们分别从凋落物量动态、阔叶树种不同特征枯落物的持水性、植被恢复演替过程中枯落物及土壤持水性、次生林枯落物持水性等方面展开研究并取得大量成果（王庆玲和龙翠玲，2009；魏鲁明 等，2009；陈谋会 等，2012；胡向红和俞筱押，2014；陈倩 等，2015）。然而，已有研究主要针对单种林型或单一树种，对相似气候条件下不同林型枯落物持水性的研究较少。

1.3.2 喀斯特灌木枯落物与土壤层水文效应

在生境方面，喀斯特森林生态系统明显不同于其他森林生态系统，包括高裸岩率、多层次生态空间、高异质性生境、土壤层薄、土壤覆盖层破碎、土壤蓄水能力弱等，这些特点导致喀斯特地区生态恢复能力较差（Jiang et al.，2014；Tong et al.，2016）。而灌木树种耐旱、适应环境能力强、萌蘖性好，是荒山绿化主要先锋树种（李永生 等，1995），因此探讨喀斯特地区灌木枯落物的持水特性具有重要的理论和实践意义。

目前，国内外学者针对森林群落枯落物水文效应做了大量研究，并取得了一定的成果（Sato et al.，2004；Pote et al.，2004；郑文辉 等，2014）。由于地貌、土壤、植被等条件的差异，喀斯特森林生态系统的生态水文功能具有显著的独特性（Cai et al.，2014；周秋文 等，2017a；周秋文 等，2017b）。目前已有一些学者开展了喀斯特森林生态水文功能的研究（杨安学和彭云，2007）。戴晓勇等（2008）以贵州喀斯特山区的 5 种森林为研究对象，研究梵净山地区不同植被类型枯落物的持水特性。刘玉国等（2011）研究了枯落物蓄积量和生态水文功能，结果表明落叶乔木林枯落物抑制土壤蒸发能力大于阔叶乔木和灌木。除了中国西南喀斯特地区，其他地区也开展了一些类似研究工作，如李红云等（2005）研究了山东省石灰岩山区灌木林枯落物的持水性能；齐瑞等（2016）在白龙江上游进行了灌木水文效应相关研究；Li 等（2013）通过控制实验的方法，研究了中国北方森林枯落物的持水特性；Ilek 等（2015）分析了不同树种组成对枯落物持水性的影响。综上所述，目前喀斯特地区有关枯落物持水性的研究主要集中在乔木枯落物，而对灌木枯落物的相关研究较少。少量有关喀斯特灌木枯落物持水性的研究，主要在中国北方开展，而南方喀斯特地区的相关研究较少。中国南方喀斯特地区由于自然条件限制，水土流失、土壤侵蚀等现象严重，灌木林对喀斯特地区防止土壤侵蚀和涵养水源有重要作用。因此，有必要开展对喀斯特灌木林持水特性的研究，尤其是在中国南方地区。

综合以上分析发现，目前针对喀斯特森林枯落物水文效应的研究较多，但大部分只是从枯落物层或土壤层进行研究，综合分析枯落物层和土壤层水文效应的研究较少，也不够深入和系统。喀斯特作为一种独特的生态系统，研究喀斯特山区森林枯落物层和土壤层的水文效应，对推动西南喀斯特森林枯落物及土壤持水性的研究具有重要的意义。

1.4　喀斯特地区地表径流研究进展

1.4.1　喀斯特林地地表径流研究

森林作为陆地生态系统的重要组成部分，具有良好的水土保持功能(韩勇刚和杨玉盛，2007)。森林的林冠层、枯落物层可以降低雨滴下落动能，以削减雨滴对地表土壤的溅蚀作用。此外，枯落物层的腐殖质还可以改善土壤结构，以增加水分的入渗，减少地表径流。研究表明，森林对地表径流和土壤侵蚀的影响能力取决于林分或群丛的内部结构，以及植物群落的数量(面积)及其分布。因此，研究不同林型的地表径流和土壤侵蚀效应具有重要意义。

目前，许多学者从不同的视角在不同的研究区域开展了大量的森林地表径流和土壤侵蚀效应研究，从空间尺度和研究手段划分，主要可分为流域或集水区研究(肖金强　等，2006；柳思勉　等，2015；王莺　等，2016；史晓亮　等，2016)、原位径流小区观测研究(黄茹　等，2102；储双双　等，2013；梁宏温　等，2016)、控制实验研究(Fu et al.，2009；Zhao et al.，2014；Cao et al.，2015)三个方面。研究的区域基本上覆盖了中国大多数自然区，包括华南地区、华北地区、黄土高原、四川丘陵等，如周毅等(2011)研究了黄土高原不同林地类型水土保持效益；刘晓燕等(2014)采用遥感手段分析了黄土高原林草植被变化对河川径流的影响；郑江坤等(2017)研究了川北紫色土小流域植被建设的水土保持效应；牛勇等(2015)研究了北京土石山区 4 种典型林分的水文效应。以上分析表明，森林生态系统的径流和土壤侵蚀效应得到越来越多学者的关注。

我国西南喀斯特地区是世界三大喀斯特地区之一，具有独特地表地下的二元结构，地形破碎、山多坡陡，生态环境非常脆弱。该区域环境条件与我国其他区域存在显著差异，其森林生态系统的径流和土壤侵蚀效应也可能与其他区域明显不同。因此，对西南喀斯特地区森林水文效应进行多方面研究具有重要意义。由于喀斯特地区地表植被状况普遍较差，林地覆盖较少。目前，对喀斯特地区地表径流和土壤侵蚀的研究，多集中在非林地领域(涂成龙 等，2016；靳丽 等，2016；杜波 等，2017)。部分研究虽然涉及喀斯特林地，但并非专门针对喀斯特林地径流和土壤侵蚀效应的研究(蒋荣 等，2013；李华林 等，2017)。从上述分析可看出，针对不同喀斯特林地径流和土壤侵蚀效应的研究明显不足。

1.4.2 喀斯特林地枯落物地表径流效应研究

目前，针对林下枯落物层对径流和侵蚀影响的研究较多，但多集中于非喀斯特地区(何常清 等，2006；常玉 等，2014；孙佳美 等，2015a)。中国南方喀斯特地区具有地形陡峻、基岩裸露率高、土岩结构面特殊、植被较少、雨量大等特点(Jiang et al.，2014；Tong et al.，2017)。降水充沛极易引发水土流失，使得该地区生态环境极为脆弱。在喀斯特地区，研究径流和土壤侵蚀的有关因素多集中在土壤类型、地形、降水强度、林地植被类型等方面(张喜 等，2010；蒋荣 等，2012；蒋荣 等，2013；李玲 等，2013)，极少定量分析枯落物层对径流和土壤侵蚀的影响效应。

喀斯特地区枯落物层水文效应研究多针对枯落物持水特征(丁访军 等，2012；胡向红和俞筱押，2014)，如刘玉国等(2011)分析了贵州喀斯特山地5种森林群落的枯落物储量及水文作用，王庆玲和龙翠玲(2009)分析了黔中地区几种喀斯特次生林枯落物持水性，吴鹏等(2012)研究了茂兰喀斯特森林主要演替群落枯落物的水文特性。虽然枯落物持水性与地表径流、土壤侵蚀有一定关系，但是其影响机制较为复杂，并不能替代枯落物层对径流和侵蚀的影响效应研究。综上所述，在喀斯特地区，森林枯落物层对径流和土壤侵蚀的影响因素较少，定量枯落物覆盖对地表径流和土壤侵蚀影响的相关控制实验研究也不多见。虽然喀斯特地区森林覆盖面积小，但是枯落物层仍然对喀斯特地区脆弱生态背景下涵养水源和防止土壤侵蚀起到重要作用，因此急需开展喀斯特地区枯落物层对径流和土壤侵蚀的影响研究。

在生态环境脆弱而敏感的喀斯特地区，水是森林生态系统中最活跃、最重要的因子之一，也是其森林生态水文过程研究更具有特殊性的主要原因。贵州省是世界三大喀斯特片区的中心之一，贵州喀斯特地带性植被由于人为破坏严重，保存数量不多，现今保存较完整的茂兰喀斯特森林面积达20000hm^2，是贵州省境内面积最大、结构最完整和系统功能最强大的喀斯特原始性森林(杨安学和彭云，2007)。其他大部分地区主要是次生森林植被覆盖，石漠化和水土流失等生态环境问题仍较为严重。

但目前针对贵州喀斯特地区不同尺度区域的森林生态水文过程机制的系统研究较少，且目前已有研究多采用定点定位观测方法，获取资料以统计分析为主。

因此，本书基于小尺度的野外定位观测试验对仪器设备进行开发设计，并分析喀斯特森林降水截留分配特征、枯落物及土壤的持水性能及其对地表径流和土壤侵蚀等的水文效应。本书将基于宏观大尺度的遥感和 GIS(geographic information system，地理信息系统)大数据建模方法对流域蒸散发时空格局、林冠截留模拟和植被盖度变化及其对地形的响应特征进行研究分析。本书的研究成果可为喀斯特地区森林保护和森林生态工程建设提供科学依据，尤其对当前喀斯特地区实施石漠化治理、森林涵养水源和防止水土流失的生态建设工程实施具有重要的现实意义。

第2章　适用于喀斯特山地的人工模拟降雨器研制

在利用天然降雨对土壤的地表径流进行研究时，常会遇到研究时间长、样地环境气候复杂等问题，给研究工作带来很大的阻碍。通过人工模拟降雨的方法，控制试验条件、模拟不同环境，可缩短试验周期，加速雨水入渗和土壤侵蚀规律的研究进程，有效地克服了天然降雨测定地表径流的缺点(李鹏 等，2005；王浩 等，2005；王辉 等，2008；包含 等，2011)。目前使用的模拟降雨装置大多数存在着体积比较大、搬运困难，操作复杂、设备成本较高等问题(陈文亮，1984；刘素媛 等，1998；霍云梅 等，2015；党福江 等，2015)。喀斯特地区山高坡陡，设备及实验用水的搬运极其困难，传统人工模拟降雨器在陡坡地段难以安装。针对这一系列问题，本书设计了一种简易小型模拟降雨装置，并用该装置进行了降雨特性试验以及实用性检测试验。

2.1　设备总体结构及部件

2.1.1　整体结构及工作原理

本书研究设计的人工模拟降雨装置如图2-1(a)所示，主要由喷淋系统(喷头、闸阀、主体支架等)、供水系统(潜水泵、调速器、输水管道、流量表等)两大部分组成。喷淋系统主体是采用直径为25mm的不锈钢管做成的支架，在支架上管道的末端使用两个直径为20mm的三通管分出一个直径为20mm以及两个直径为15mm的支管，三个支管的末端分别安上三个闸阀以及喷头，三个喷头可以单独或者组合使用以满足不同的降雨需求。供水系统的主要功能是利用潜水泵，将水箱中的水通过管道以一定的压力送到喷头出口，为模拟降雨提供水源。通过调速器改变潜水泵的电源电压以改变水泵的转速，进而改变供水管中的压力，供水管中的水流量可通过流量表读取。

2.1.2　主要部件及型号

2.1.2.1　喷淋系统

1.喷头

本装置使用的是三个下喷式实心锥喷头，如图 2-1(b)所示，分为两种规格：1 号(喷嘴直径为 3.2mm)、2 号和 3 号(喷嘴直径都为 2.0mm)。喷头基本特性如下：1 号喷头降雨半径为 1.4m，流量为 3.9～8.9L/h；2 号和 3 号喷头降雨半径为 1.0m，流量为 1.6～3.7L/h。选择喷头的依据是提高降雨的均匀性和效率，满足节约水资源等要求，确定喷头降雨平面形状为圆形。同时为使雨滴落地速度接近天然降雨，喷头固定在距地面 2.3m 处。

2.闸阀

为使装置能够在不同的雨强需求下通过改变喷头的组合方式，达到不同的雨强效果，故在每个喷头的进水端都安装了一个闸阀[图 2-1(c)]。采用铜质的内径为 20mm 的浮动球球阀，闸阀与喷头之间采用螺纹连接。

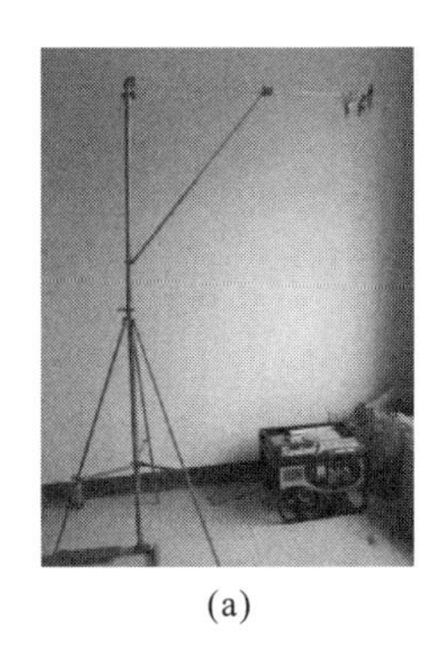
(a)

(b)

(c)

图 2-1　降雨装置的主要部件型号

3.主体支架

支架的竖立部分由直径为 25mm 的不锈钢管制成，高度为 2.4m，为了方便携带，将其设计为可拆卸的两段，中间用快接扣件连接，下段部分加上了可收放的三脚架，起支撑作用[图 2-2(a)]，使整个装置更加稳定。上下两段使用快接扣件连接，简单方便。水平伸出的部分长度为 1.2m，使用的基本材料是 PPR(polypropylene-random，无规共聚聚丙烯)管和 PPR 三通接头，采用热熔连接。

2.1.2.2 供水及控制端

1.水泵

水泵为供水系统提供动力源，其选型考虑三个因素。

(1)工作介质。在本装置中使用的工作介质是清水，常温状态下，现有水泵大部分都能在此工作介质下正常工作。

(2)流量。水泵流量选择的依据是每次最大用水量，按有效降雨面积S=3.14×R^2(R=1m)及最大雨强(190mm/h)计算，则每小时的用水量为 0.5966m^3，再将外围的无效降雨用水量考虑进去，则装置每小时用水量约为0.70m^3。

(3)扬程。根据装置喷淋系统的设计情况和水泵的安装位置，并考虑装置供水系统的可靠雨量，要求潜水泵的扬程不小于2.5m。

模拟降雨时需要在一定范围内调节降雨强度，而供水管道的压力正是调节降雨强度的重要因素之一。因此，在选取水泵时还应注意使水泵的流量和扬程能满足调节管道压力的要求。根据此装置的设计需求，选定的水泵类型为潜水泵。

综合以上分析，本装置选用绿一牌QDX3-20-0.75型潜水泵，具体参数如下：额定电压为220V，额定功率为750W，扬程为20m，额定流量为1.5m^3/h，口径为25mm。所选用的潜水泵扬程和流量稍微偏大，这恰好可以增加管道压力的调节范围，试验表明该水泵能够很好地满足要求，不会造成较大的浪费。

2.调速器

该装置选用4000W大功率进口可控硅电子调速器[图2-2(b)]，具体技术参数如下：使用电压为交流电压220V，最大功率为4000W(短时极限功率)，交流0～220V连续可调。规格尺寸：耐高温防火FR4电路板，电路板尺寸为70mm×70mm，高50mm。使用此调速器控制水泵电压进行试验发现，利用调速器降压可以到0V，升压到60V左右水泵开始启动，60～220V可以连续调节，满足试验要求。

3.流量表

该装置采用一寸螺纹K24流量计数表[图2-2(c)]，主要技术参数如下：工作介质为水、甲醇、汽油等，长度为 103mm，计量精度为±1%，流量范围为 10～120L/min，单次计数为0.00～9999.9，计量单位为L、gal、pt、qt。在装置的供水管道中装上此流量表，装置在不同的雨强状态下工作时能够实时显示供水管道中水流量。降雨装置正常工作时，管道中不同的流量对应不同的降雨强度，用流量表与调速器相配合，通过改变供水管道中水的流量即可获得不同的降雨强度。

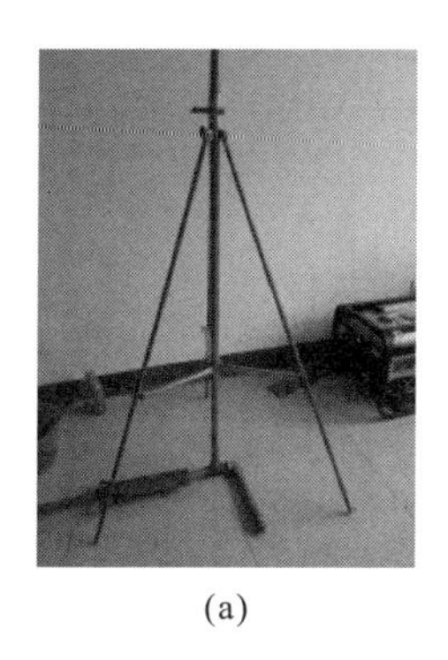
(a)

(b)

(c)

图 2-2　降雨装置的主要部件及型号

本书设计的人工模拟降雨设备总高度为 2.4m，地面的三脚支架部分占地面积不到 $1m^2$，可在室内或者室外进行人工降雨；各个部件可通过手拧羊角蝶形螺栓或者快接扣件进行安装，单个部件的质量最大不超过 8kg，装置的总质量不超过 15kg，因此可以方便地进行拆装和运输；同时，此装置的制造成本低廉。与目前大多数人工模拟降雨装置相比较，本装置具有体积小、质量轻、容易操作、稳定性高、成本较低、拆装和运输方便等特点。

2.2　降 雨 特 性

2.2.1　降雨强度

根据本装置的结构特点，使用 3 个直径为 20cm 的雨量筒对装置的降雨强度进行率定。首先将设备在水平地面上架设起来，开启降雨设备，待其降雨状态稳定后，快速地将准备好的雨量筒放置到降雨中心的正下方，同时开始计时，当降雨时间达到 60min 时，立即关闭设备电源，停止降雨，再拿出雨量筒利用测量工具测出该时间段的雨量筒中水面的高度值便得到此次的降雨强度。大量的试验结果表明，本装置通过选用不同型号的喷头组合以及调节供水流量，可以实现 20～180mm/h 的模拟降雨。经过大量的降雨特性试验，以及对试验过程中不同雨强对应的流量数据进行分析，可获得水泵启动状态下不同的雨强-流量对照表(表 2-1～表 2-3)。

表 2-1　降雨设备雨强-流量对照表(三个喷头组合)

调速器显示电压/V	瞬时流量/(L/min)	雨强/(mm/h)
76	11	100

续表

调速器显示电压/V	瞬时流量/(L/min)	雨强/(mm/h)
78	12	100
82	13	110
86	14	125
90	15	130
91	15	140
95	16	150
99	16	160
109	17	175
170	18	180
220	18.5	190

表 2-2 降雨设备雨强-流量对照表(3.2mm+2.0mm 组合)

调速器显示电压/V	瞬时流量/(L/min)	雨强/(mm/h)
78	8	60
82	9	70
85	10	80
88	11	90
96	12	100
108	13	110
128	14	115
220	14.5	120

表 2-3 降雨设备雨强-流量对照表(3.2mm 喷头单喷)

调速器显示电压/V	瞬时流量/(L/min)	雨强/(mm/h)
68	2	20
70	3	25
72	4	30
75	5	30
80	6	35
82	7	40
88	8	45
90	9	55
118	10	55
168	11	55
220	11.5	60

2.2.2　雨滴终点速度

美国学者罗斯等关于天然降雨雨滴的研究表明，天然降雨雨滴直径一般为 0.1～6mm，其相应的终点速度为 2～2.9m/s。同时根据美国、澳大利亚等国家的一些学者对雨滴下落速度的研究，具有初速度的下喷式喷头，降雨高度达到 2m 时，就可满足不同直径的雨滴获得 2～2.9m/s 的终点速度(何进 等，2012)。本装置采用三喷头组合、下喷式的降雨结构，喷头安装在距离地面 2.3m 处，因此可满足不同体积的雨滴获得 2～2.9m/s 的终点速度，这与自然界的大部分雨滴具有的终点速度相符。

2.3　降雨装置的实用性检测

鉴于现有条件以及时间的限制，不能利用有效的方法准确地测出该装置的其他降雨特性。为了对本装置的实用性能进行合理评估，本书采用将本装置与西安清远测控技术有限公司设计的全自动人工模拟降雨器(以下简称全自动人工模拟降雨器)在相同的试验方案下做对比实验的方法，即通过用本装置与全自动人工模拟降雨器进行模拟降雨，将研究地表径流和土壤侵蚀的实验过程中的用水量进行对比分析，从而对本装置在野外进行人工模拟降雨实验的实用性能进行综合且客观的评价。

2.3.1　材料与方法

2.3.1.1　试验设备

西安清远测控技术有限公司设计的全自动人工模拟降雨器如图 2-3(a)所示，目前在国内得到广泛应用，如清华大学、贵州省水土保持监测站等科研机构都选用此套设备，其部分参数如表 2-4 所示。

表 2-4　全自动人工模拟降雨器部分参数表

参数	值
雨强连续变化范围	20～200mm/h
降雨面积	20m^2
降雨高度	4m 左右

续表

参数	值
降雨均匀度	＞0.75
雨滴大小调控范围	0.3～5.7mm
降雨调节精度	7mm/h
降雨历时	任意
降雨测量误差	≤2%
降雨器质量	约为 100kg

全自动人工模拟降雨器降雨范围变化大，调节的灵敏度较高，降雨均匀性较好，雨滴粒径与天然雨滴相似，可有效进行人工模拟降雨。在正确使用该设备进行模拟降雨试验过程的情况下所获得的结果比较准确，因此能够以采用此设备进行试验获得的试验结果作为衡量其他同类设备试验效果的参照标准。

人工土槽如图 2-3(b)所示。实验使用的 2 个土槽是用 1.5mm 厚的铁板焊接而成，长度为 100cm，宽度为 60cm，有效填土深度为 40cm，在前端挡板的上下部分别焊有两个 V 形集流槽，分别可以收集填土中的地表径流和地下径流。土槽中层的隔板也是由铁板制成，铁板上的渗流孔直径为 8mm，每个孔的间距为 6cm，仿棋盘式布局(雷丽 等，2015)。土槽置于水平地面上，通过在后端垫上不同高度的砖块来调整土槽的倾斜角度，本书实验的固定坡度为 25°。

2.3.1.2 土壤采集与填装

试验采用的土壤取自贵州师范大学地理与环境生态实验站，该区域为典型的喀斯特地貌山区，主要土壤类型为石灰土。取 0～10cm、10～20cm 两层土壤，同时用环刀取自然状况下的土样，测得容重是 1.12g/cm^3。

土槽底部铺上 4cm 厚的碎石，压实并处理平整，然后盖上一层纱布将土壤与碎石隔开，以防止土壤渗漏到碎石缝中，影响土槽中间隔板的透水性。为了使土槽中填装的土壤容重与自然状况相似，采取分层填装的方式，每层都用刷子刷平整后适当压实。填土厚度为 35cm，使土壤容重保持在 1.12g/cm^3 左右。

2.3.1.3 对比参数的确定

在相同的实验方案条件下，用本书设计装置与全自动人工模拟降雨器进行模拟降雨，将研究径流和土壤侵蚀影响的实验过程中的用水量进行对比分析，从而总结出本书设计装置模拟降雨的实验效果。实验过程中采取控制变量法，控制所有土槽的倾斜角度为 30°，填土的方式和土壤容重尽量保持一致。实验综合考虑两套降雨设备的降雨强度的极限值以及实际使用的需要，选取三种降雨强度(40mm/h、90mm/h、140mm/h)进行地表径流和土壤侵蚀的模拟实验。对实验过程中收集的地表径流以及泥沙进行过滤处理后，计算地表径流量，并对收集的泥沙进行烘干处理，然后称量泥沙质量；最后对比两套设备在选取的各个雨强进行降雨实验时测定的径流总量、总的耗水量和泥沙总量，以及不同雨强下土壤径流和土壤输沙率随时间的总体变化关系。

2.3.1.4 实验设计与实施

本书设计由两套设备分别在三种降雨强度(40mm/h、90mm/h、140mm/h)下进行三场模拟降雨实验，每场降雨持续时间为 1h，集流槽接到地表径流开始记录产流时间并收集样品。为了相对准确地掌握实验过程中的地表径流和土壤侵蚀产沙规律，每隔 10min 更换收集样品的容器，所获得的径流样品先静置 48h，分别测量每个样品的体积，倒掉上层清澈的水，放在烘箱中设定适当的温度烘干至质量恒定，称量获知径流含沙量[图 2-3(c)～图 2-3(e)]。

(a) (b) (c)

(d) (e) (f)

图 2-3 试验装置及过程

2.3.2 坡面径流量的变化过程

从图 2-4 可以看出，在利用两套降雨装置进行的模拟降雨实验中，在三种雨强情况下，前 10min 以前坡面产流都比较少，之后产流逐渐增加，直到 20min 以后保持相对稳定。在这一特点方面，本书设计装置与全自动人工模拟降雨器的降雨效果具有较高的一致性。降雨的前期，可能与前次实验的时间间隔较长，土壤含水量较低，降雨下渗比较严重。20min 以后土壤含水量接近饱和，坡面的产流逐渐稳定，说明本书设计装置和全自动人工模拟降雨器一样，在不同的雨强下进行降雨，总体雨强比较稳定。

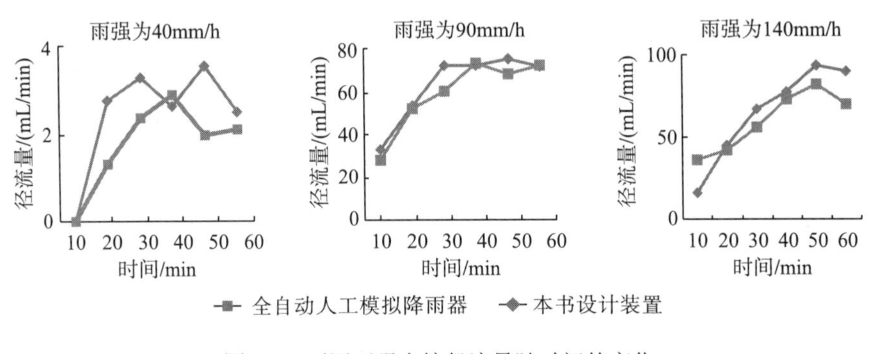

图 2-4　不同雨强土壤径流量随时间的变化

在三种雨强的降雨实验中，使用本书设计装置降雨产生的坡面径流量总体低于使用全自动人工模拟降雨器所产生的径流量，而且径流量的变化幅度较大，可能是由于本书设计装置的有效降雨面积比较小，而且有效降雨主要集中在中心区域，且这个区域容易受到风的影响而发生偏移，若大量的雨滴被风吹到试验区域以外，会导致落到坡面的雨量偏少，造成径流偏小的情况。全自动人工模拟降雨器的降雨面积较大，试验土槽放置在降雨的中心区域，同等的风力对试验结果影响比较小。在室外使用本书设计装置进行模拟降雨的过程中，需要采用一些可挡风的物品进行遮挡，使获得的实验结果更加准确。

2.3.3 产沙量的变化过程

从图 2-5 可看出，当雨强为 40mm/h 时，两套降雨装置进行的试验土槽坡面均未明显地出现泥沙，当降雨量为 90mm/h、140mm/h 时，坡面产沙，且产沙量随时间的变化情况与地表径流量随时间的变化情况非常相似，两组实验中产沙量的变化规律比较一致，这反映出本书设计装置与全自动人工模拟降雨器降雨对土壤的侵蚀作用比较相似。

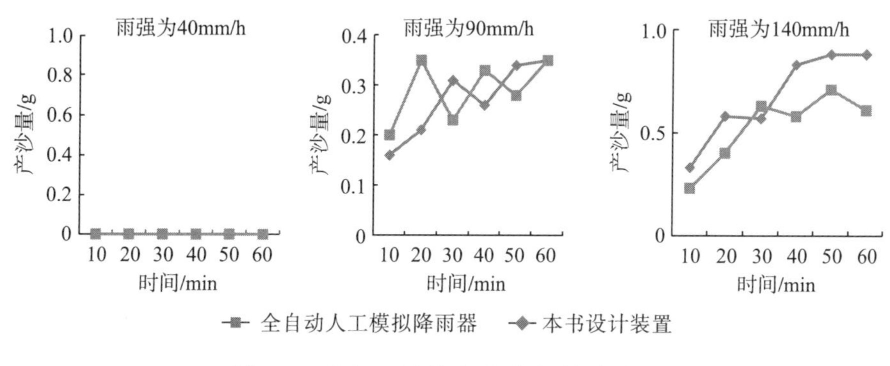

图 2-5　不同雨强土壤产沙量随时间的变化

当雨强为 140mm/h 时，使用本书设计装置模拟降雨产生的泥沙与使用全自动人工模拟降雨器降雨时相比较，二者产沙量随时间的变化规律一致，本书设计装置的产沙总量比全自动人工模拟降雨器稍低，原因可能是使用本书设计装置时，三个喷头同时打开，喷出的水滴在空中相互碰撞，形成直径更小的雾状雨滴，直径较小的雨滴下落的终点速度较小，具有的动能较小，对土壤的侵蚀力度比较小。另一个原因可能是本书设计装置高度较全自动人工模拟降雨器低，雨滴的下落高度较低，从而也影响了雨滴下落的终点速度。

2.3.4　总径流量与总输沙量

由图 2-6 可看出，在使用两套装置进行的模拟降雨实验中，地表产生的径流总量都随着雨强的增大而增加，但是总径流量增加的趋势在减缓。在雨强相同时，使用本书设计装置降雨产生的总径流量比用全自动人工模拟降雨器降雨产生的略

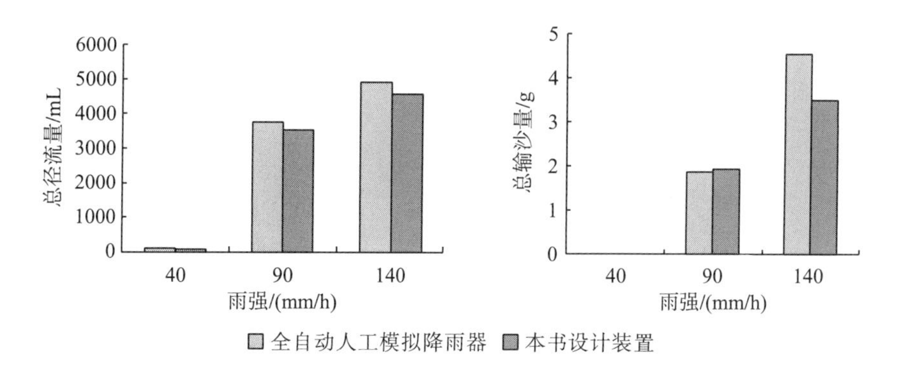

图 2-6　不同雨强坡面总径流量和总输沙量

小，原因可能除了与上述的降雨面积较小、有效降雨区域容易偏移等因素有关，还与喷头的均匀度有关系。下喷式实心锥喷头喷出的水滴中心比较密集，距离中心越远越稀疏，因此喷头正下方外侧的区域实际的降雨强度要比理论值低，会对实验结果产生一定的影响。

两组实验中总输沙量都随雨强增大而增加，当雨强为 90mm/h 时，两套装置进行模拟降雨实验中的总输沙量相差较小，使用本书设计装置模拟降雨实验的总输沙量略大。当雨强为 140mm/h 时，使用全自动人工模拟降雨器模拟降雨实验的总输沙量更大一些，可能与三个喷头同时打开时，雨滴的雾化程度比较大，进而影响雨滴对土壤的侵蚀作用有关。在以后对该装置进行改进或者测量降雨特性的过程中，应当充分考虑这一因素对测量结果的影响，并适当地对喷淋系统做进一步的改进。

2.3.5 降雨实验中每小时耗水量

用两套装置进行模拟降雨实验的过程中，随着降雨强度的增加，每小时的耗水量明显增加，如图 2-7 所示。当降雨强度变大时，每小时的耗水量明显增加。降雨强度分别为 40mm/h、90mm/h 和 140mm/h 时，本书设计装置每小时耗水量分别为 599L、795L、1101L，全自动人工模拟降雨器每小时耗水量分别为 1707.2L、3259.2L、4035.2L，本书设计装置的耗水量分别是全自动人工模拟降雨器的 35.09%、24.39%、27.29%。可以看出，同样的降雨强度，本书设计装置的耗水量比全自动人工模拟降雨器少很多，在降雨面积较小的情况下，使用本书设计装置可以节约大量的水资源。

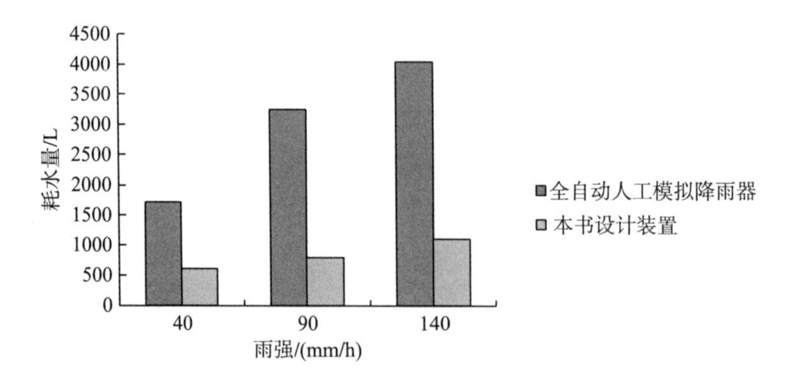

图 2-7　不同雨强下每小时耗水量

2.4 小　结

本书设计装置可根据需要在室内或者室外进行人工降雨；其体积小、质量轻、容易操作、稳定性高、成本较低、拆装和运输方便。对装置的实用性检测试验表明，装置的降雨稳定性较强，在只开启单个或者两个喷头工作的情况下，模拟降雨的效果比较好。

实验结果表明，本书设计装置可实现降雨强度为 0～190mm/h 的模拟降雨，可以满足不同直径的雨滴获得 2～2.9m/s 的终点速度，降雨效果与自然界降雨具有一定的相似性，可较好地实现人工模拟降雨。

本书设计装置存在以下问题。①降雨的均匀性。选用的下喷式实心锥喷头，喷出的水滴中心比较密集，距离中心越远越稀疏，因此距离喷头正下方越远的外侧区域降雨强度越小，降雨的均匀性有待提高。②雨滴直径。天然降雨中，不同类型降水云的平均雨滴谱不同，同类降水云的平均雨滴谱也因雨强不同而存在很大差异。该装置在模拟较大雨强的降雨时，三个喷头喷出的水滴相互碰撞，形成直径更小的雾状雨滴，这些小雨滴由于体积和质量比较小，容易受到风的影响而飘出试验区域。

第3章　喀斯特林地植被截留分配效应

森林对大气降雨的再分配具有重要的生态水文意义。大气降雨通过森林林冠层后形成了林冠层截留、穿透雨及树干流，使降雨在数量上和空间上重新分配，进而影响森林生态系统的水文过程和水量平衡(姜海燕 等，2008)。因此，研究一定区域内植被与降雨的关系具有十分重要的意义(纪晓林 等，2013)。喀斯特地区自然环境非常脆弱，其土壤贫薄，水文过程变化迅速，受降雨影响较大，植被生长过度依赖环境条件(何师意 等，2001a；姚长宏 等，2001；黄成敏 等，2003)。因此，研究喀斯特森林降雨再分配特征，定量描述喀斯特森林与降雨的关系，了解喀斯特森林不同林层对降雨的截留作用，有助于了解区域生态水文的调节机制，为森林涵养水源、防治水土流失提供科学的参考。

3.1　研 究 方 法

3.1.1　样地设置

本书选择的观测样地位于贵州师范大学地理与环境生态实验站。在试验站内选择乔木层全部为马尾松(*Pinus massoniana* Lamb.)的区域作为针叶林研究样地，面积为10m×10m，样地内马尾松最大树龄为40年，最小树龄为7年，平均树龄为25年，平均树高16m，郁闭度为0.87。从马尾松种群活力、植被群落生态健康、林分抵抗活力三个方面进行综合评价，得出样地内马尾松健康状况良好。阔叶林研究样地面积为10m×10m，样地内乔木树种有香叶(*Lindera communis* Hemsl.)、麻栎(*Quercus acutissima* Carruth.)、白栎(*Quercus fabri* Hance)、冬青(*Ilex chinensis* Sims)、女贞(*Ligustrum lucidum*)、盐肤木(*Rhus chinensis* Mill.)、云南樟[*Cinnamomum glanduliferum*(Wall.)Nees]、棕榈[*Trachycarpus fortunei*(Hook.) H.Wendl.]等。样地内最大树龄为38年，最小树龄为8年，平均树龄为26年，平均树高15m，郁闭度为0.85。在样地内典型的地段设置雨量收集装置，用以观测大气降雨、树干流、林间穿透雨、灌木层截留、林冠层截留。在距样地30m处安装 1 个自动气象站和放置 1 个自制雨量桶，监测大气降雨。阔叶林样地内放置 3 个树干流收集桶、5 个林间穿透雨收集桶、7 个灌木层截留收集桶、7 个林冠层截留收集桶，共放置 22 个收集降雨的装置。针叶林样地内放置 3 个树干流收集桶、4 个林间穿透雨收集桶、5 组灌木层截留收集桶(灌木上与灌木下收集桶为一组)，共放置 12 个收集降雨的装置，如图 3-1 所示。

图 3-1　样地内降雨截留观测装置

3.2.2　测定方法

(1) 大气降雨测量方法。在距样地 20m 的空旷地设置 ONSET 公司生产的 HOBO 小型自动气象站，以测定大气降雨；同时在附近放置 1 个直径为 20cm、由 PVC(polyrinyl chloride，聚氯乙烯)材料制作的自制雨量筒作为备用和参考。

(2) 树干流测量方法。选择样地中大、中、小胸径的树，在其树干 1.5m 处用软管环绕树干，固定好软管并在软管与树干接缝处用玻璃胶密封，确保树干流能进入下端放置的降雨收集桶，测定树干流。

(3) 林间穿透雨测量方法。在林间选择一块相对空旷的地点，架设规格为 20cm×100cm 的集水槽来收集降雨，集水槽较高一端高度为 1.3m，较低的一端通过软管与收集桶连接，测量林间穿透雨。

(4) 灌木层截留量测定方法。在样地内的灌木丛上方随机放置人工制作的直径为 20cm 的雨量筒，监测灌木层上方降雨量，在灌木丛下方对应位置放置同规格的雨量筒，用于监测灌木层穿透雨量。

相关指标计算公式如下：

$$I = P - (T - S) \tag{3-1}$$

$$I_{\mathrm{C}} = I / P \times 100\% \tag{3-2}$$

$$i_1 = T / P \times 100\% \tag{3-3}$$

$$I_{\mathrm{T}} = S / P \times 100\% \tag{3-4}$$

$$F = F_1 - F_2 \tag{3-5}$$

$$i_2 = F / F_1 \times 100\% \tag{3-6}$$

式中，I 为林冠层截留量；I_{C} 为林冠层截留率；P 为林外降雨量；T 为穿透雨量；

i_1 为穿透雨率；S 为树干流量；I_T 为树干流率；F_1 为灌木层上方降雨量；F_2 为灌木层穿透雨量；F 为灌木层截留量；i_2 为灌木层截留率。

由于设备安装时间不同，针叶林和阔叶林样地的观测时间段有差异。针叶林样地观测时间段为 2015 年 9 月 9 日～2016 年 5 月 1 日，阔叶林样地的观测时间段为 2015 年 9 月 7 日～2016 年 3 月 22 日。

3.2 大气降雨特征

如图 3-2 所示，观测期间记录降雨 36 次(部分场次降雨由于实验条件限制未采集)，林外降雨总量为 300.66mm，单次降雨量最小值为 0.8mm，最大值为 58.6mm。雨量级以小雨(P≤10mm)居多，达 26 场，占降雨总次数的 72.2%，占降雨总量的 31.5%。中雨(10mm＜P≤25mm)9 场，占降雨总次数的 25.0%，占降雨总量的 49.0%。大雨(25mm＜P≤50mm)0 场。暴雨(P＞50mm)1 场，占降雨总次数的 2.8%，占降雨总量的 19.5%。观测期内平均降雨量为 8.35mm(图 3-2)。观测期内，10 月份降雨量最大，为 119.30mm，占观测期内降雨总量的 39.68%；12 月降雨量为 3.50mm，占降雨总量的 1.16%。

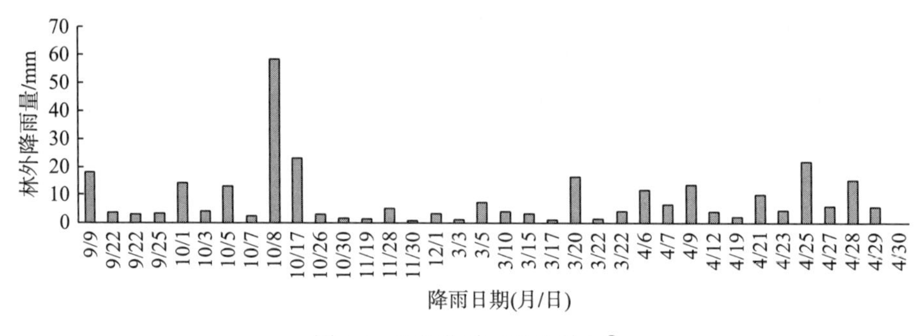

图 3-2 观测期降雨分布特征[①]

3.3 树干流特征

3.3.1 针叶林树干流特征

在观测期间的 36 场降雨中，针叶林树干流总量为 31.34mm，占林外降雨总量的 10.42%，树干流量变化范围为 0～4.71mm。产生树干流的降雨有 30 场，当林

① 9 月 22 日、3 月 22 日分别有两次降雨。

外降雨量 $P \geq 1.79\text{mm}$ 时，开始产生树干流。由图 3-3(a) 可知，树干流量大致随林外降雨量呈正相关变化，说明林外降雨量对树干流量的影响起主导作用。通过对不同月份的树干流量进行分析发现，10 月和 4 月树干流量相对较大，12 月的树干流量最小。产生这个现象的原因是不同月份降雨量不同，当林外降雨量大时，林冠截留的雨水经树叶、树枝沿树干流下的水量多，产生的树干流量大。此外，针叶林在不同生长期，林冠枝叶呈现不同生长状态，在生长季林冠枝叶茂盛，林冠层截留的雨水多，在枯落期林冠枝叶凋落，截留的雨水少，从而影响了树干流量。从表 3-1 可看出，树干流量不完全随林外降雨量增大而增大，但存在一定的相关性，拟合方程为：$y=0.09x+0.08$[图 3-3(a)]。林外降雨量与树干流率无明显线性关系，因为树干流率还受树干表面影响，只有当树干表面达到足够湿润时，才会产生树干流，产流过程减弱了林外降雨对树干流的影响，从而对树干流率影响不明显[图 3-3(b)]。

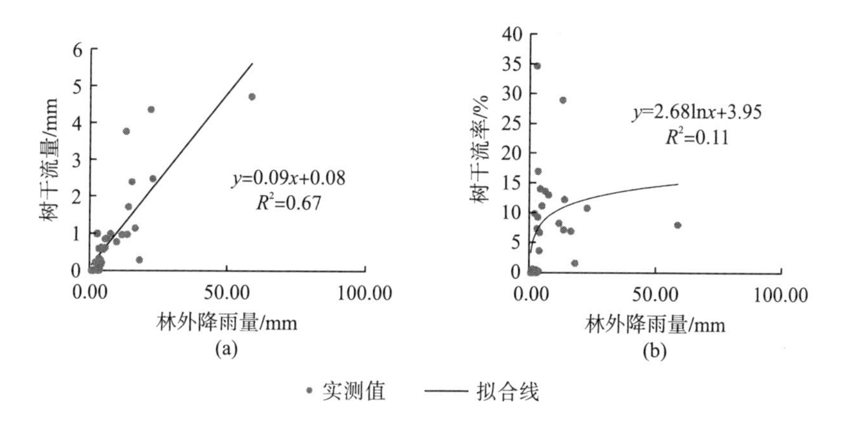

图 3-3　针叶林树干流量(a)、树干流率(b)与林外降雨量的关系

表 3-1　针叶林样地林冠层、灌木层对降雨的再分配特征

场次降雨量/mm	测定次数/次	林冠层截留		树干流		林间穿透雨		灌木层截留	
		截留量/mm	截留率/%	树干流量/mm	树干流率/%	穿透雨量/mm	穿透雨率/%	截留量/mm	截留率/%
<1.0	2	1.22	71.77	0.00	0.00	0.49	27.48	0.15	15.07
1.15～1.97	5	4.79	65.97	0.03	0.41	2.44	33.60	0.21	6.28
2.23～3.18	6	7.33	42.86	1.64	9.59	8.14	47.60	0.88	9.36
3.50～4.46	7	10.46	37.33	2.19	7.82	15.37	54.85	1.01	6.57
5.10～9.87	6	6.79	16.79	4.68	11.57	28.96	71.60	1.88	7.01

续表

场次降雨量/mm	测定次数/次	林冠层截留		树干流		林间穿透雨		灌木层截留	
		截留量/mm	截留率/%	树干流量/mm	树干流率/%	穿透雨量/mm	穿透雨率/%	截留量/mm	截留率/%
11.78～15.29	5	8.91	13.13	9.82	14.48	49.12	72.41	8.01	17.72
16.56～18.15	2	3.05	8.79	1.44	4.15	30.22	87.06	2.09	7.42
21.97～58.60	3	8.69	8.40	11.54	11.15	83.28	80.46	14.88	21.58
合计	36	51.24	—	31.34	—	218.02	—	29.11	—
平均	—	—	33.13	—	7.40	—	59.38	—	11.38

3.3.2 阔叶林树干流特征

在观测的阔叶林样地的25场降雨中，测得树干流总量为21.83mm，占林外降雨量的7.26%。单次降雨的树干流变化范围为0～5.99mm，变化率为0%～14.3%。在25场降雨中，产生树干流的降雨有23场，当林外降雨量P≥1.15mm时，样地内云南樟会产生树干流，这与常学向等的研究结果有所差异。由于树干流受到多方面因素的影响，如林外降雨量、雨强、树种以及树干的生长形态等，本书与其研究结果的差异可能是研究区气候条件和植被生长状态等方面的不同所导致。通过对不同月份的树干流观测数据研究发现，10月测得的树干流量最大，12月最小。分析原因，可能是由于10月的降雨量相对其他月份较大，导致了树干流相应增大，充分说明树干流主要受降雨量影响。此外，9月的树干流量比3月大，但9月的林外降雨量小于3月，可能的原因是9月虽然总降雨量少，但是单场降雨量大，消耗于冠层吸附的降雨比例较小，更大比例降雨得以形成树干流；而在3月发生的8场降雨中，只有1场降雨量超过10mm，在小雨情况下，大部分降雨消耗于冠层截留，因此树干流量较小。从图3-4可以看出，在喀斯特阔叶林中，树干流量总体随林外降雨量增大而增大，但当林外降雨量增加到一定程度后，树干流量增加的趋势减缓。回归分析结果表明，树干流量与林外降雨量存在一定函数关系：$y=5.82\exp(-14.57/x)$，显著性检验结果表明($p<0.0001$)，置信度达到99.99%以上。随着降雨量增大，树干流率呈先增大后减小趋势(表3-2)。主要原因可能是由于当林外降雨量总体较小时(小雨、中雨)，随着林外降雨量增加，更多的降雨被林冠层拦截，并通过阔叶林的枝、叶到达树干，形成较大的树干流率。当降雨量增加到一定程度后(大雨、暴雨)，阔叶林叶面的承载能力接近饱和，经叶面导流到树干的雨水量接近稳定值，若林外降雨量继续增大(树干流量无明显增加)，则会导致树干流率减小。

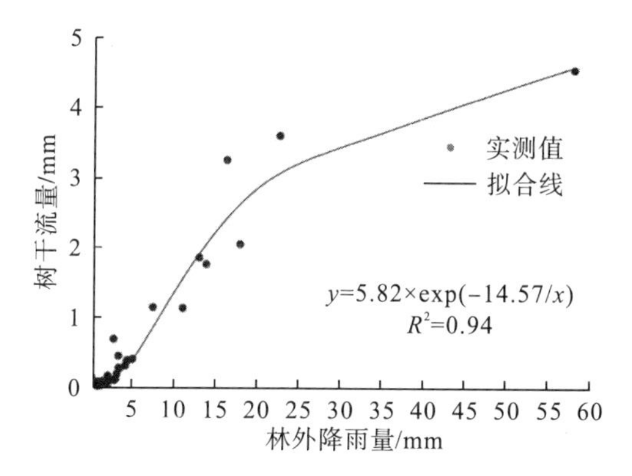

图 3-4 树干流量与林外降雨量的关系

表 3-2 阔叶林样地林冠层、灌木层对降雨的再分配特征

场次降雨量/mm	测定次数/次	林冠层截留		树干流		林间穿透雨		灌木层截留	
		截留量/mm	截留率/%	树干流量/mm	树干流率/%	穿透雨量/mm	穿透雨率/%	截留量/mm	截留率/%
<1.0	2	0.68	37.86	0.00	0.00	1.03	57.67	0.48	26.79
1.15～1.46	4	1.98	37.47	0.09	1.70	3.98	75.32	2.05	38.8
2.23～3.18	5	4.78	34.00	1.03	7.00	10.97	77.00	4.81	34.00
3.50～4.46	5	4.20	21.00	1.53	8.00	18.21	92.00	4.78	24.00
5.10～7.64	2	2.60	20.00	1.43	11.00	11.44	90.00	3.89	31.00
11.15～14.01	3	7.13	19.00	4.54	12.00	30.81	81.00	9.62	25.00
16.56～18.15	2	0.00	0.00	5.17	15.00	31.28	90.00	2.10	6.00
22.93～58.60	2	1.21	1.48	8.04	10.00	79.05	96.96	7.39	9.06
合计	25	22.58	—	21.83	—	186.77	—	35.12	—
平均	—	—	10.84	—	10.48	—	86.69	—	16.74

3.4 穿透雨特征

3.4.1 针叶林穿透雨特征

研究期间观测到针叶林穿透雨总量为 218.02mm，占林外降雨量的 72.51%（图 3-5）。2015 年 9 月、10 月、11 月、12 月及 2016 年 3 月、4 月穿透雨总量分别为 22.77mm、90.57mm、3.39mm、1.67mm、25.67mm、73.87mm。观测期穿透雨量 10 月和 4 月最大，12 月最小，主要是不同月份林外降雨量不同所导致的，当林外降雨量增大时，穿过林冠层的林外降雨量就会增加，穿透雨量相应增加。

这说明穿透雨量特征与林外降雨特征相似，具有紧密的相关性，拟合方程为：y=1.20x+1.08［图 3-6(a)］。观测期内 6 个月的穿透雨率分别是：82.28%、75.92%、51.97%、38.90%、65.60%、71.32%。12 月林间穿透雨率最小，9 月、10 月穿透雨率相对较大。穿透雨率随林外降雨量增大而增大，穿透雨率与林外降雨量存在一定的相关性，林外降雨量越大，穿透雨率越大[图 3-6(b)]。

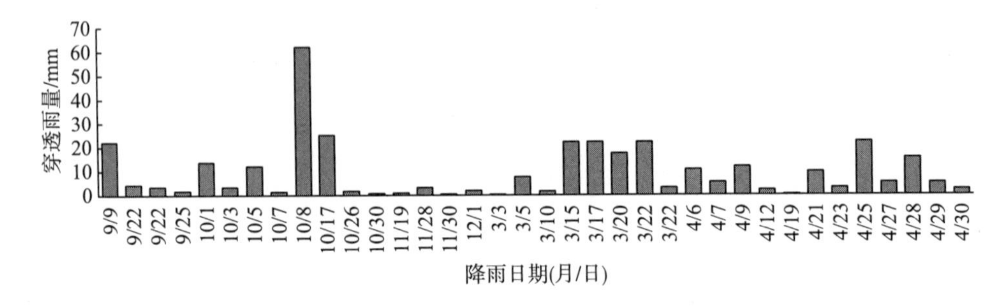

图 3-5 穿透雨量分布图

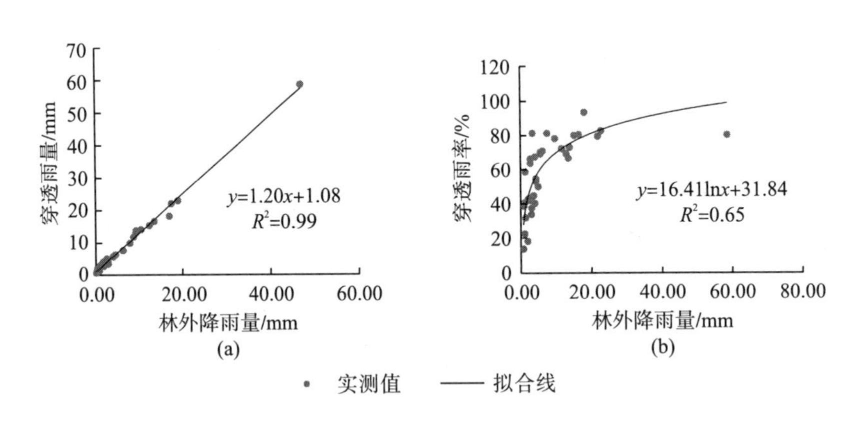

图 3-6 穿透雨量(a)、穿透雨率(b)与林外降雨量的关系

3.4.2 阔叶林穿透雨特征

研究期间观测到的阔叶林林间穿透雨总量为 186.77mm，占整个研究期间记录降雨总量的 62.12%。2015 年 9 月、10 月、11 月、12 月和 2016 年 3 月，穿透雨总量分别为 32.53mm、110.56mm、5.45mm、2.84mm 和 35.38mm，穿透率分别为 84%、93%、74%、81%、90%。可以看出，2015 年 10 月穿透雨量最高，穿透率也最大，2015 年 9 月和 12 月穿透雨率相近。10 月林外降水量大，降雨强度大，故穿透雨量相应较大，所以穿透雨率较大。11 月穿透雨率最小，10 月穿透雨率最大，因为 10 月的林外降雨量比较大，雨强比较大，所以穿透雨率也比较大。12 月的林外降雨量小于 11 月的降雨量，而其穿透雨率大于 11 月的穿透雨率，原因可能

是，进入 12 月后，林冠层树叶凋落比 11 月更明显，林冠截留效果较 11 月差，更多的降雨穿过树叶间空隙直接进入林内，因此其穿透雨率比 11 月大。穿透雨量与林外降雨量具有较好的线性关系，呈正相关的关系，穿透雨量随着降雨量的增大而逐渐增大。穿透雨率与林外降雨量总体呈对数函数关系，但由于受到穿透雨量、林外降雨量和植被的生长状态等因素的影响，穿透雨率与林外降雨量的线性相关性减弱。

3.5　灌木层截留特征

3.5.1　针叶林灌木层截留特征

观测期内，针叶林灌木层截留总量为 29.11mm，占林外降雨总量的 9.68%。单次降雨的灌木层截留量为 0.00～10.87mm。10 月灌木层截留量最大，为 19.25mm，3 月灌木层截留量最小，为 0mm。当雨量级分别为小雨、中雨、大雨时，灌木层平均截留率分别为 8.52%、13.31%、29.90%。与林冠层截留量相比，灌木层截留量受降雨量的影响程度较小，灌木层截留量与林外降雨量之间没有明显的相关性[图 3-7(a)]。这可能是因为针叶林郁闭度高，灌木稀少、枝叶覆盖度低，能够吸附水的表面积不大，因此截留量很小，受降雨量影响小，受树叶分布、观测设备摆放位置影响较大。与灌木层截留量相比，灌木层截留率与林外降雨量的相关性更低[图 3-7(b)]。这是因为灌木层截留量由灌木层上方雨量和灌木层穿透雨量决定，而林冠层截留能力比灌木层截留能力大，经过林冠层截留后，灌木层上方雨量大大减少，灌木层截留能力小，灌木层穿透雨量相对较大，截留量很小，截留率低。在截留率较低的情况下，容易受到多种不确定因素影响，产生不规律变化，因此灌木层截留率与林外降雨量的相关性较低。

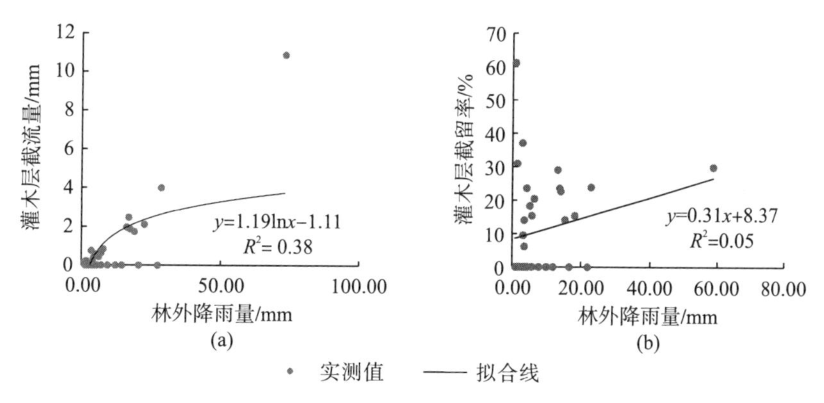

图 3-7　灌木层截留量(a)、灌木层截留率(b)与林外降雨量的关系

3.5.2 阔叶林灌木层截留特征

观测期内，阔叶林灌木层截留总量为34.86mm，占林外降雨量的11.59%。单场降雨的灌木层截留量为0～4.27mm，截留率为0%～67%。当降雨量大于0.99mm时，灌木层开始产生穿透雨。10月截留量最大，为16.64mm，12月截留量最小，为1.47mm。这是因为12月大多数灌木枝叶已经凋落，导致截留能力减弱，截留量最小，但是12月截留率最大，为42%，9月截留率最小，为19%。当降雨量由0.08mm增加至3.50mm时，灌木层截留率从52%下降至11%，随着林外降雨量继续增加，截留率在0%～40%波动。林外降雨量较大时截留率比较小的原因可能是，灌木的叶片比较小且光滑，能吸附水的表面积不大，能承接的雨量很小。总体而言，灌木层截留量随降雨量的增大而增大(图 3-8)，表现为：$y=\ln(0.61+0.72x)$的函数关系，显著性检验结果表明($p<0.0001$)，置信度达到99.99%以上。但截留率与林外降雨量之间没有明显的线性相关关系。

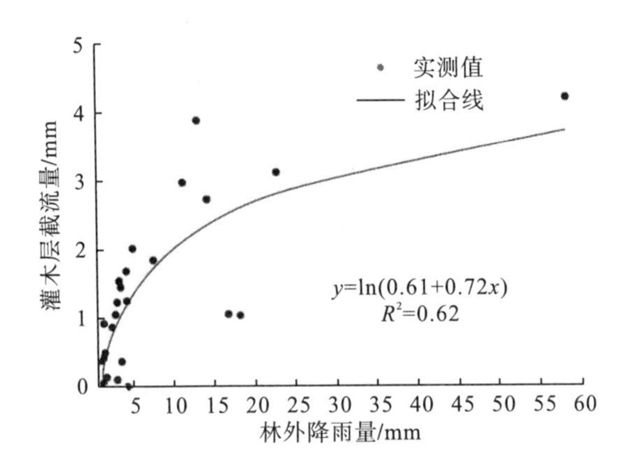

图 3-8　灌木层截留量与林外降雨量的关系

3.6 林冠截留特征

3.6.1 针叶林林冠截留特征

观测期内，针叶林林冠截留总量为51.24mm，占林外降雨量的17.04%，单次林冠截留量为0.06～6.59mm，截留率为0.96%～77.63%。其中，10月的截留总量最大，为13.18mm，3月截留总量最小，为7.44mm。林冠层截留量主要受降雨特性、林冠层特征和气象因子等诸多因素的影响。当林外降雨量越大时，林冠层吸附的降雨越多，林冠层截留量越大，林冠层截留量在一定范围内大致随着降雨量增大而增大[图 3-9(a)]。从林外降雨量与林冠层截留量的关系看，在林外降雨量很小时，降雨全部或大部分被截留，当林外降雨量增加，截留量增加缓慢。从林冠特征来看，当林冠层枝叶生长逐渐停止时，林冠层枝叶因水分减少变得干燥，对降水的吸附能力变强，从而使截留能力增大；当枝叶由于更新而脱落时，林冠层对雨水的吸附能力容易达到饱和，林冠层截留量减小。林冠层截留数据也存在着波动，主要可能是由两种因素造成：①林外降雨特征决定了林冠层截留量，林外降雨量越大，林冠层截留量增长会变缓，截留率减小速度有减缓的现象；②林冠形态特征会影响截留量，在生长期和凋落期，由于林冠生长状态不一致，截留能力存在差异，当林外降雨量相同时，林冠层截留量也会存在很大的差异。林冠层截留率呈现出随着林外降雨量的增加而减小的趋势。这是因为当林外降雨量很小时，降雨全部或大部分被截留，林冠层截留能力表现十分显著，但随着林外降雨量的增加，林冠层截留量的增长率迅速减小，林冠层截留量达到饱和状态后就不再增加或者增加十分缓慢，林冠层截留量与林外降雨量的比值相应减小，因此林冠层截留率随林外降雨量增加而减小[图 3-9(b)]。

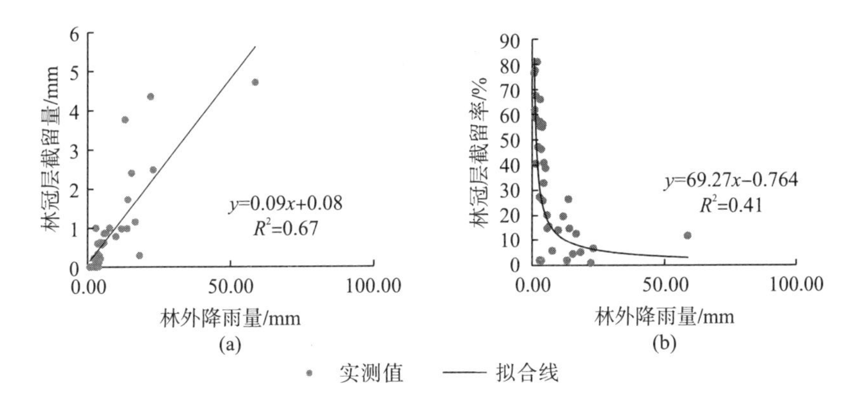

图 3-9　林冠层截留量(a)、林冠层截留率(b)与林外降雨量的关系

3.6.2　阔叶林林冠层截留特征

观测期内，阔叶林林冠层截留总量为 22.58mm，占林外降雨量的 7.51%，单次降雨的林冠层截留率为 0%～63%，林冠层截留量为 0～2.61mm。其中，10 月的截留量最大，达 10.47mm，12 月截留量最小，为 1.10mm。林冠层截留量随着降雨量的增大而发生一定波动。当林外降雨量为 0.08～2.23mm 时，林冠层截留量从 0.5mm 增加至 0.73mm；当林外降雨量为 2.23～3.50mm 时，林冠层截留量从 0.73mm 减少至 0mm；当林外降雨量为 3.50～13.06mm 时，林冠层截留量增加至

最大值 2.61mm；当林外降雨量为 13.06～22.93mm 时，林冠层截留增量为 0mm；当林外降雨量超过 50mm 后，林冠层截留量又增加至 1.21mm。总体而言，在林外降雨量较小的时候，林冠层截留量随降雨量增大，但是当林外降雨量到达一定程度后，截留量相应减小。造成这种波动的主要原因可能是，当林外降雨量到达一定程度后，冠层叶片充分湿润，形成不利于雨滴附着的光滑面，导致截留能力减弱；此外，由于观测时间较短，降雨场次较少，此现象也有可能是观测误差导致。林冠层截留率大致随林外降雨量增加而较少，但是相关性不高。林外降雨量与林冠层截留率呈负相关的原因是，林冠层截留能力是有限的，当林外降雨量达到一定值后，林冠层截留能力趋于饱和，在林外降雨量持续增加的情况下，截留量趋于稳定，相比之下，截留率减小。

3.7 小　　结

当针叶林林外降雨量大于 1.79mm 时产生了树干流；树干流总体上随着林外降雨量的增加而增加，呈现正相关关系。针叶林灌木层截留特征受林外降雨量影响较小，容易受到多种不确定因素影响，其中灌木的枝叶量直接影响灌木层的截留能力，从而影响灌木层截留特征。穿透雨量(率)、树干流量(率)、林冠层截留量(率)均与林外降雨量存在一定的相关性。在针叶林样地，降雨通过针叶林林冠层、灌木层截留后，进行了重新分配，观测期间针叶林截留量总量占林外降雨总量的 25.49%。

当阔叶林样地林外降雨量大于 1.15mm 时，乔木开始产生树干流，且树干流与林外降雨量呈正相关关系。林冠层截留总量占林外降雨量的 10.84%，林冠层截留率波动范围为 0%～63%，林冠层截留量为 0～2.61mm，穿透雨总量为 186.77mm，占林外降雨总量的 62.12%；灌木层截留量占降雨总量的 11.59%，单场降雨灌木层截留率波动范围为 0%～67%，截留量为 0～4.27mm。总体上，灌木层截留量随着林外降雨量的增大而增大，但灌木层、林冠层截留率与林外降雨量无显著线性相关性。树干流量(率)、穿透雨量(率)与林外降雨量呈正相关关系。

第4章　喀斯特地区枯落物与土壤层持水效应

大气降雨经森林垂直结构中的林冠层重新分配后，一部分降雨被林冠层截留，一部分穿过林冠层，被枯落物截留，渗入土壤，完成大气降雨的循环过程(贺淑霞 等，2011)。枯落物是森林生态系统的重要组成部分(王波 等，2008；郭汉清 等，2010)，对截留降雨、涵养水源、防止土壤溅蚀、调节地表径流等具有重要意义(徐娟 等，2009；莫菲 等，2009；张卫强 等，2010)。贵州是我国喀斯特地貌发育最典型省区之一，缺水少土是其典型特征(俞月凤 等，2015；许璟 等，2015)。受水土因素的限制，贵州喀斯特地区虽然森林植被面积较小，但是其涵养水源、防止土壤流失的作用却不可忽视(张喜 等，2007；刘玉国 等，2011)。

4.1　研究区域与研究方法

4.1.1　研究区概况

研究区位于贵州省贵阳市花溪区，地理位置为106°27′E、26°21′N，海拔为1204.9m。地处乌江与珠江分水岭，该区域地貌破碎，以山地和丘陵为主，发育着喀斯特地貌。该区处在中亚热带季风湿润区，气候宜人，全年平均气温为14.9℃，日照时数≥10℃的活动积温为4504.7～4978.1℃，无霜期长，年极端最高气温为35.1℃，年极端最低气温为-7.3℃，年降水量为1178.3mm，蒸发量为738mm，雨量充沛。该区冬无严寒、夏无酷暑。植被带属中亚热带常绿阔叶林带，原生植被主要以常绿阔叶林为主，人类破坏后演替为次生林。

4.1.2　样地设置及样品采集

本书采用样地调查法，选取石灰土中生长的针叶林、阔叶林、混交林及黄壤中生长的针叶林四种典型地段，设置10m×10m的标准样地各1个，共计4个样地(其中针叶林Ⅰ为黄壤、针叶林Ⅱ为石灰土、阔叶林为石灰土、混交林为石灰土)。测定样地基本特征，包括林木的胸径、树高、郁闭度、密度等指标(表4-1)。在各标准样地内，随机设置3个30cm×30cm的小样方。先测定其枯落物厚度(包括半分解层、未分解层)并记录(表4-2)，将小样方里的全部枯落物按各分解层装入收集袋，立即称取鲜重。同时在每个标准样地中，分别挖取土壤剖面，划分为4层(10cm为一层)，用环刀取样。

表4-1 不同林型标准样地基本特征

森林类型	面积/m²	海拔/m	平均胸径/cm	平均树高/m	郁闭度	密度/(株/hm²)	土壤类型
针叶林Ⅰ	10×10	1193.1	20.2	6.1	0.93	1970	黄壤
针叶林Ⅱ	10×10	1204.6	16.1	5.6	0.90	2150	石灰土
阔叶林	10×10	1204.9	13.2	4.8	0.77	1740	石灰土
混交林	10×10	1204.5	14.4	5.1	0.87	1890	石灰土

表4-2 不同林型枯落物的厚度

森林类型	枯落物总厚度/cm	枯落物厚度/cm	
		未分解层	半分解层
针叶林Ⅰ	7.0	3.2	3.8
针叶林Ⅱ	5.6	2.5	3.1
阔叶林	4.1	2.6	1.5
混交林	5.4	3.3	2.1

4.1.3 枯落物持水过程的测定

把采集的各层枯落物样品风干，置于85℃的烘箱恒温烘干，称取干重，计算枯落物自然含水率和蓄积量。用室内浸泡法测定枯落物持水量、吸水速率，称取50g烘干称重后的各层枯落物，装入已称重的纱布袋(孔径为0.2mm)中(纱布袋完全浸没于盛清水的塑料盆中，分别浸泡5min、20min、0.5h)，分别在浸泡1h、1.5h、2h、4h、6h、8h、10h、14h、24h时取出枯落物与布袋，静置至不连续滴水，用精度为0.1g的电子天平称湿重并记录，计算不同浸水时段的持水量和吸水速率。计算公式为

$$\Delta M = M_t - M_0 \tag{4-1}$$

$$V = \left(M_t - M_0\right) / t \tag{4-2}$$

$$R_t = (M_t - M_0) / M_0 \cdot 100\% \tag{4-3}$$

式中，ΔM为浸水t小时后的持水量；V为浸水t小时后的吸水速率；R_t为浸水t小时后持水率；M_t为浸水t小时后的湿量；M_0为称取浸水的枯落物干重；t为浸水的时间。

枯落物持水性各指标的计算公式分别为

$$R_0=(M_1-M_2)/M_2\cdot 100\% \tag{4-4}$$

$$W_1=M_{24}-M_0 \tag{4-5}$$

$$R_1=(M_{24}-M_0)/M_0\cdot 100\% \tag{4-6}$$

$$W_2=R_2\cdot M_2 \tag{4-7}$$

$$R_2=R_1-R_0 \tag{4-8}$$

式中，R_0 为枯落物自然含水率；M_1 为样品自然状态的质量；M_2 为样品烘干状态的质量；W_1 为最大持水量；M_{24} 为样品浸水 24h 后的质量；M_0 为称取浸水的枯落物干重；R_1 为最大持水率；W_2 为最大拦蓄量；R_2 为最大拦蓄率。

4.1.4　枯落物有效拦蓄量测定

常用有效拦蓄量估算枯落物对降水的实际拦蓄量，即

$$W=(0.85R_m-R_0)M \tag{4-9}$$

式中，W 为有效拦蓄量；R_m 为最大持水率；R_0 为自然含水率；M 为枯落物蓄积量。

有效拦蓄深的计算公式为

$$T=W/10 \tag{4-10}$$

式中，T 为有效拦蓄深；10 为换算系数。

4.1.5　土壤物理性质的测定

用环刀浸泡法测定土壤物理性状，计算公式为

$$R_a=10000hP_0 \tag{4-11}$$

$$R=10000hP_i \tag{4-12}$$

式中，R_a 为土壤最大持水量；h 为土层厚度；P_0 为土壤总孔隙度；R 为土壤有效持水量；P_i 为土壤非毛管孔隙度。

实验方案的实施如图 4-1 所示。

(a)枯落物厚度的测量

(b)土壤剖面挖取

(c)土样采集

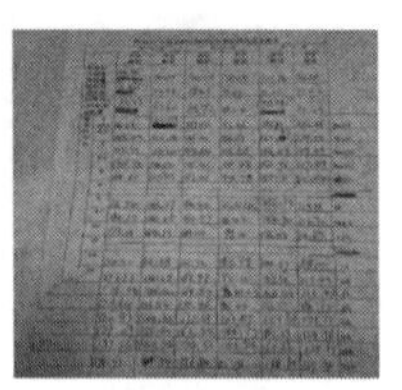
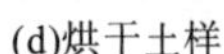

(d)烘干土样　(e)土壤比重测定　(f)土壤毛管持水量测定　(g)实验数据记录

图 4-1　实验方案的实施

4.2　不同林型枯落物厚度与蓄积量

由表 4-2 和表 4-3 可知，喀斯特地区不同林型枯落物的厚度和蓄积量明显不同，且不同土壤生长的同一类型森林枯落物的厚度和蓄积量也不同。石灰土中生长的 3 种森林枯落物总厚度从大到小为针叶林＞混交林＞阔叶林，厚度差达 1.5cm，黄壤针叶林枯落物总厚度大于石灰土针叶林，厚度差达 1.4cm；针叶林半分解层厚度均大于未分解层，而阔叶林和混交林则相反。石灰土中生长的 3 种森林枯落物总蓄积量表现为针叶林 II（32.98t/hm^2）＞混交林（26.58t/hm^2）＞阔叶林（19.77t/hm^2），针叶林总蓄积量最大，阔叶林最小，二者相差 13.21t/hm^2；就针叶林而言，针叶林 I 枯落物总蓄积量（52.15t/hm^2）大于针叶林 II（32.98t/hm^2），二者相差 19.17t/hm^2，推断这一差异主要由两种树种特性不同，枯落物厚度和分解状况也因此不同所导致。同一土壤中，森林枯落物均表现出半分解层蓄积量大于未分解层的规律，半分解层针叶林 II 蓄积量最大，占 84.90%，针叶林 I 、混交林次之，阔叶林最小，占 74.15%，这可能是由于该地地处中亚热带季风湿润区，水分多，热量大，阔叶林的分解程度略高于针叶林，但是针叶林枯落物厚度比阔叶林大得多，导致针叶林半分解层蓄积量所占比例较大。

表 4-3　不同林型枯落物的蓄积量

森林类型	总蓄积量/(t/hm^2)	未分解层枯落物		半分解层枯落物	
		蓄积量/(t/hm^2)	占总蓄积量的比例/%	蓄积量/(t/hm^2)	占总蓄积量的比例/%
针叶林 I	52.15	8.09	15.51	44.06	84.49
针叶林 II	32.98	4.98	15.10	28.00	84.90
阔叶林	19.77	5.11	25.85	14.66	74.15
混交林	26.58	6.36	23.93	20.22	76.07

4.3　不同林型枯落物的水文效应

4.3.1　不同林型枯落物最大持水量

枯落物持水性能受树种构成、枯落物构成与分解特征的影响。表 4-4 表明，不同森林枯落物持水性有所不同，最大持水量从大到小为针叶林Ⅰ(101.58t/hm^2)＞混交林(46.26t/hm^2)＞针叶林Ⅱ(44.09t/hm^2)＞阔叶林(22.88t/hm^2)，同一土壤类型中生长的 3 种森林，混交林的最大持水量最大，为 46.26t/hm^2，相当于 4.6mm 水深，针叶林Ⅱ次之，为 44.09t/hm^2，阔叶林最小，为 22.88t/hm^2。枯落物最大持水率的变化范围为 142.98%～194.11%，依次为针叶林Ⅰ、混交林、针叶林Ⅱ、阔叶林，即在喀斯特地区，同一土壤中生长的森林，最大持水率表现出混交林＞针叶林＞阔叶林的规律，变化规律与最大持水量一致。实验结果表明，在喀斯特地区混交林与针叶林枯落物的持水量大于阔叶林，该结果与刘芝芹等(2013)研究云南森林枯落物持水特征的结果(阔叶林持水量大于针叶林)相反，可能是由喀斯特地区与非喀斯特地区树种组成、枯落物组成差异造成的。喀斯特地区混交林和针叶林均有较厚的枯落物层，所以混交林或针叶林持水性也可有能会比阔叶林更强；而针叶林与混交林比较，其厚度大致相同，由于分解程度的差异和树种特性的不同，表现出混交林枯落物持水性强于针叶林的趋势。

表 4-4　不同林型枯落物持水状况

森林类型	最大持水量/(t/hm^2)			最大持水率/%		
	未分解层	半分解层	总和	未分解层	半分解层	平均
针叶林Ⅰ	14.99	86.59	101.58	186.80	201.42	194.11
针叶林Ⅱ	8.39	35.70	44.09	178.00	127.37	152.69
阔叶林	10.15	12.73	22.88	199.17	86.78	142.98
混交林	14.33	31.93	46.26	224.89	157.62	191.26

4.3.2　不同林型枯落物持水过程

不同林型枯落物持水过程可用各层枯落物各时段持水量变化规律和吸水速率变化趋势进行模拟。图 4-2 表明，同一土壤的森林枯落物，在浸水的 24h 内，未分解层的持水过程整体上呈现混交林＞阔叶林＞针叶林的趋势[图 4-2(a)]，而半分解层整个吸水过程中均表现为混交林＞针叶林＞阔叶林[图 4-2(b)]。4 种林型各层枯落物持水量与浸水时间表现出正相关关系，0.5h 内，各层枯落物持水量迅速增加，0.5h 之后，持水量仍然保持增加趋势，但增加幅度减小[图 4-2(c)]。未分解层持水量浸水 10h 达到饱和[图 4-2(a)]；半分解层持水量在浸水 8h 后基本饱和[图 4-2(b)]，说明在喀斯特地区，未分解层比半分解层表现出更好的持水性，前 2h 持水性更强。由图 4-2 可看出，同一土壤中生长的森林，混交林枯落物持水量在各时间段远大于针叶林和阔叶林枯落物，而针叶林与阔叶林枯落物在各时间段的持水量趋于一致，后期针叶林略高于阔叶林；就不同土壤生长的针叶林而言，针叶林Ⅰ枯落物在各时间段的持水量显著高于针叶林Ⅱ枯落物，与混交林枯落物持水量相当。此结果与表 4-4 中最大持水量的分析结果大体一致，说明在喀斯特地区，混交林林下枯落物表现出较强的持水能力。

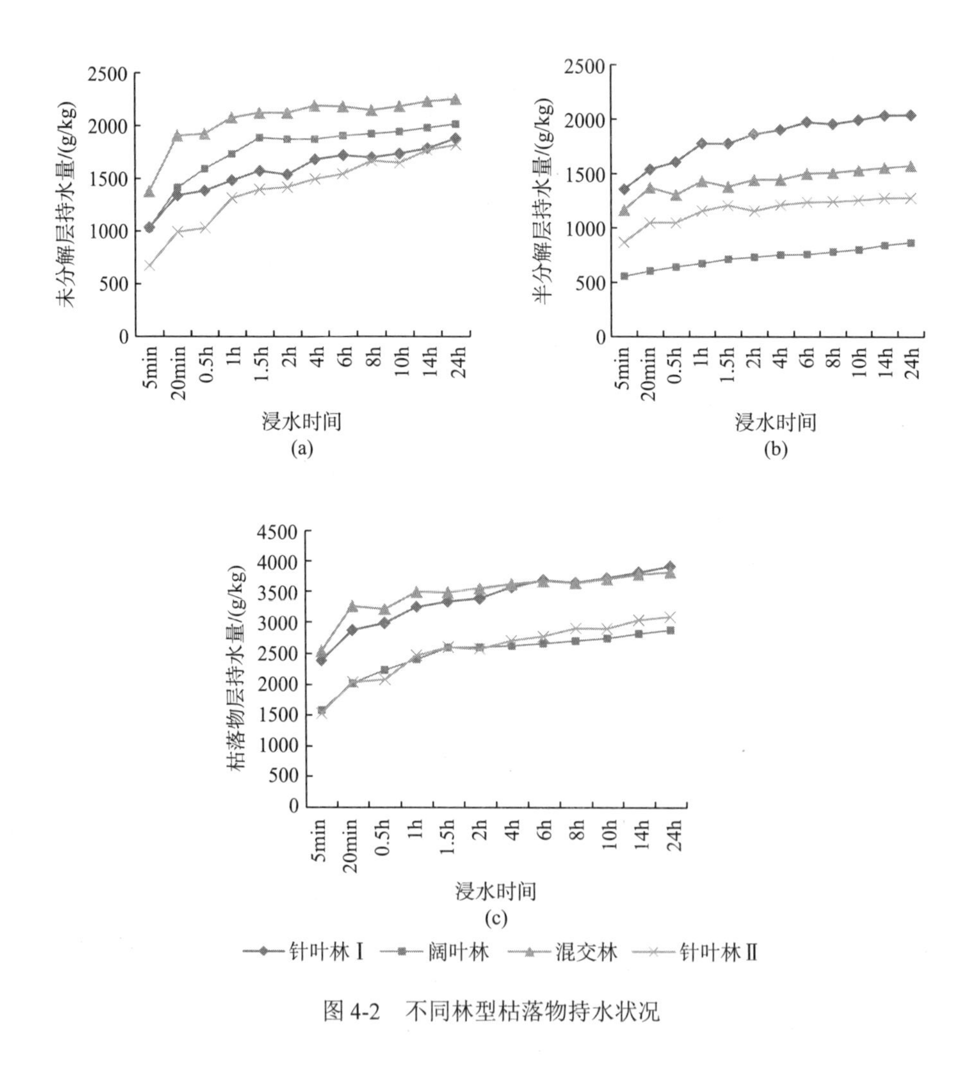

图 4-2　不同林型枯落物持水状况

4 种林型各层枯落物持水量与浸水时间的关系，经回归拟合后，除混交林未分解层的 R^2 为 0.8656，其他均在 0.9 以上，说明不同林型枯落物的持水量与浸水时间有很好的相关性(表 4-5)，拟合方程为

$$Q=a\ln t+b \tag{4-13}$$

式中，Q 为枯落物持水量；t 为浸水时间；a 为回归系数；b 为常数项。

表 4-5　持水量、吸水速率与浸水时间的关系

森林类型		持水量与浸水时间		吸水速率与浸水时间	
		关系式	R^2	关系式	R^2
未分解层	针叶林 I	$y=306.77\ln t+1057.5$	0.971	$y=28204t^{-1.947}$	0.9306
	针叶林 II	$y=454.5\ln t+638.2$	0.9794	$y=17052t^{-1.764}$	0.9159
	阔叶林	$y=372.56\ln t+1140$	0.9407	$y=29072t^{-1.906}$	0.9135
	混交林	$y=296.92\ln t+1561.4$	0.8656	$y=40531t^{-1.992}$	0.9205
半分解层	针叶林 I	$y=285.78\ln t+1342.5$	0.9874	$y=35555t^{-1.989}$	0.9335
	针叶林 II	$y=156.62\ln t+904.06$	0.9493	$y=24326t^{-2.02}$	0.9313
	阔叶林	$y=121.48\ln t+526.33$	0.9532	$y=13943t^{-1.981}$	0.9403
	混交林	$y=147.06\ln t+1188.4$	0.9055	$y=31444t^{-2.046}$	0.9369

4.3.3　不同林型枯落物吸水速率

图 4-3 表明，不同林型枯落物吸水速率与浸水时间变化存在一定规律：无论是未分解层还是半分解层枯落物，在浸水初期，吸水速率均很大[图 4-3(a)、图 4-3(b)]。枯落物浸泡前 0.5h，各分解层立即吸水，0.5～2h，吸水速率减小，2h 后，吸水速率变化不大，至 24h 时，吸水速率接近 $0g\cdot kg^{-1}\cdot h^{-1}$。由图 4-3 还能看出，各林型枯落物开始浸泡时，吸水速率差距较大，2h 后吸水速率差距减小。浸泡前 2h，混交林和阔叶林枯落物吸水速率为未分解层大于半分解层，针叶林吸水速率为半分解层大于未分解层，这可能与各层枯落物的量有关。未分解层吸水速率大致呈现混交林＞阔叶林＞针叶林 I ＞针叶林 II 的规律[图 4-3(a)]，半分解层呈现针叶林 I ＞混交林＞针叶林 II ＞阔叶林的趋势[图 4-3(b)]。

对 4 种林型各层枯落物吸水速率与浸水时间的关系进行拟合，相关系数 R^2 均在 0.91 以上，拟合较好(表 4-5)，拟合方程为

$$V=kt^n \tag{4-14}$$

式中，V 表示吸水速率；k 为回归系数；t 表示浸水时间；n 为指数。

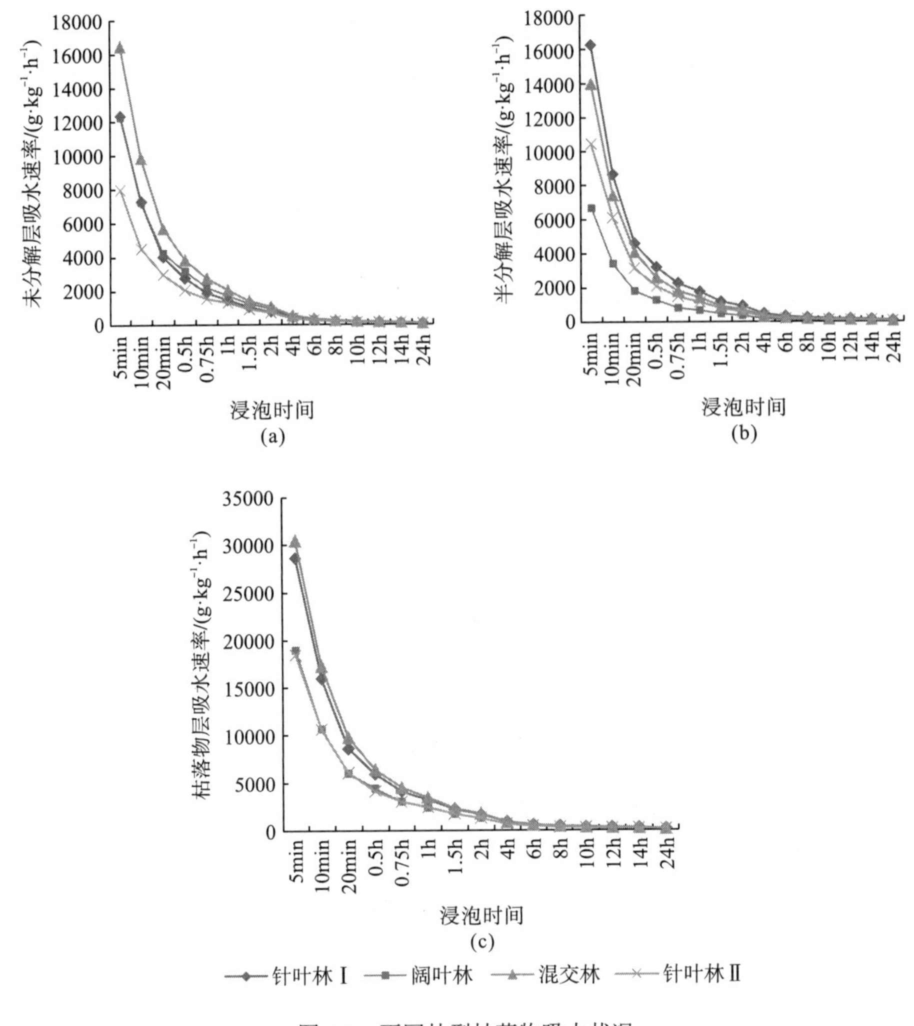

图 4.3 不同林型枯落物吸水状况

4.3.4 不同林型枯落物的有效拦蓄量

实验结果表明，同一土壤中生长的不同林型枯落物各分解层的拦蓄能力不同(表 4-6)。各层枯落物有效拦蓄率变化趋势不同，未分解层枯落物有效拦蓄率变化为混交林(141.42%)＞针叶林Ⅱ(116.67%)＞阔叶林(131.71%)，半分解层变化趋势为混交林(87.16%)＞针叶林Ⅱ(61.70%)＞阔叶林(30.18%)。半分解层枯落物有效拦蓄量从大到小排序为混交林(17.62t/hm^2)＞针叶林Ⅱ(17.27t/hm^2)＞阔叶林(4.42t/hm^2)，未分解层枯落物有效拦蓄量从大到小排序为混交林(9.00t/hm^2)＞阔叶林(6.73t/hm^2)＞针叶林Ⅱ(5.81t/hm^2)，二者排序不同，主要与枯落物的量有关。综合分析可知，半分解层针叶林Ⅱ最大拦蓄量最大，为 26.62t/hm^2，相当于 2.662mm

的降雨，阔叶林有效拦蓄量最小，为 4.42t/hm^2，相当 0.442mm 的降雨，混交林未分解层和半分解层最大拦蓄量和有效拦蓄量比阔叶林多很多，表明较多较厚的枯落物能更有效地截持降雨。

表 4-6　不同林型枯落物拦蓄能力

枯落物层	森林类型	自然含水率/%	最大拦蓄率/%	最大拦蓄量/(t/hm^2)	有效拦蓄率/%	有效拦蓄量/(t/hm^2)	有效拦蓄深/mm
未分解层	针叶林 I	39.88	146.92	11.88	118.90	9.62	0.96
	针叶林 II	34.62	143.37	7.14	116.67	5.81	0.58
	阔叶林	37.59	161.58	8.26	131.71	6.73	0.67
	混交林	49.74	175.15	11.14	141.42	9.00	0.90
半分解层	针叶林 I	55.31	146.12	64.37	115.9	51.06	5.11
	针叶林 II	46.56	80.81	22.62	61.70	17.27	1.73
	阔叶林	43.59	43.19	6.33	30.18	4.42	0.44
	混交林	46.82	110.8	22.40	87.16	17.62	1.76

4.4　不同林型土壤物理性状及水文效应

4.4.1　不同林型土壤容重

土壤容重可以反映土壤的透水性和通气性，土壤容重小，表明土壤疏松多孔，结构性良好。土壤疏松多孔有利于水分的下渗与储存，即土壤容重越小，土壤涵养水源能力越强。由图 4-4 可以看出，各林型的土壤容重总体差异不是很大，石灰土中生长的 3 种林型在 0～40cm，土壤容重的均值表现为针叶林 II (1.15g/cm^3)＞阔叶

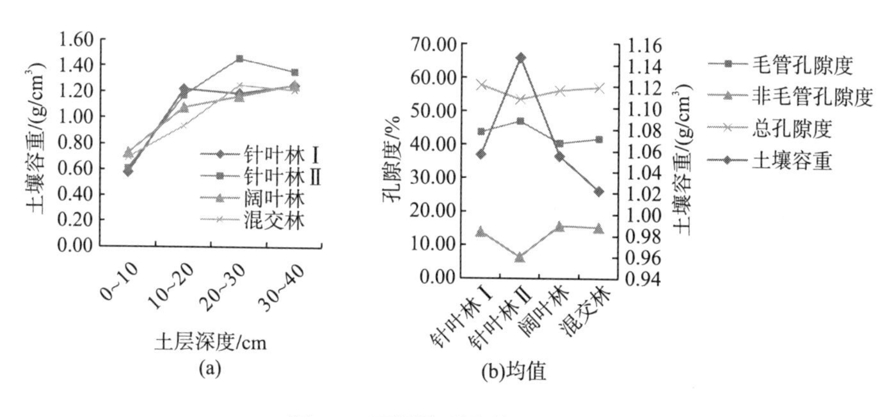

图 4-4　不同林型土壤物理性状

林(1.05g/cm^3)＞混交林(1.02g/cm^3)[图 4-4(b)]，土壤容重由 0～10cm 的 0.61g/cm^3 增长到 30～40cm 的 1.15g/cm^3，增加了 88.52%。4 种林型在 0～40cm 的土层中，从土壤表层到土壤深层，土壤容重均表现为从小到大[图 4-4(a)]，这可能是由于土壤深度的加深，有机质含量降低所导致。

4.4.2 不同林型土壤孔隙度

土壤孔隙是土壤中水分、养分、空气等的迁移通道、储存库及活动场所。由图 4-5 可知，各林型在 0～40cm 的土层中，由土壤表层到土壤深层，孔隙度均减小，此变化规律与土壤容重的变化规律刚好相反，表明土壤深层结构紧实，图 4-5(b)中混交林非毛管孔隙度的变化趋势异常，可能是由于实验误差造成的。同一土壤中，土壤毛管孔隙度均值排序为针叶林Ⅱ(46.98%)＞混交林(41.79%)＞阔叶林(40.41%)[图 4-5(a)]。非毛管孔隙度与土壤持水能力密切相关，非毛管孔隙度均值表现为阔叶林(15.70%)＞混交林(15.31%)＞针叶林Ⅱ(6.47%)[图 4-5(b)]，混交林土壤持水量最大，为 570.95t/hm^2，阔叶林与混交林相当，针叶林Ⅱ最小，为 534.51t/hm^2。对不同的土壤类型而言，总孔隙度为黄壤大于石灰土，非毛管孔隙度为黄壤大于石灰土，因此黄壤持水能力比石灰土持水能力强。

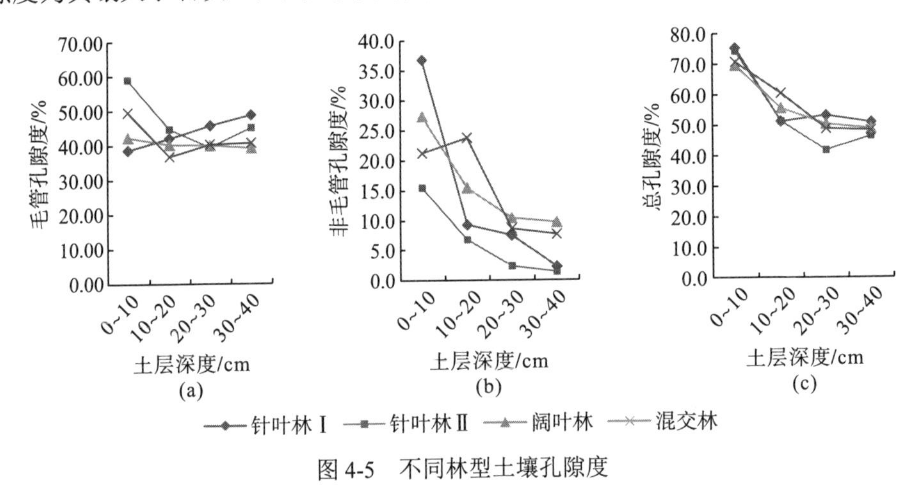

图 4-5 不同林型土壤孔隙度

4.4.3 不同林型土壤蓄水能力

由图 4-6 可看出，不同林型土壤自然含水率存在一定差异，同一土壤中生长的不同植被，自然含水率为针叶林Ⅱ(48.91%)＞混交林(44.15%)＞阔叶林(40.27%)[图 4-6(a)]。不同土壤中生长的针叶林，针叶林Ⅰ有效持水量(139.29t/hm^2)大于针叶林Ⅱ(64.67t/hm^2)；同一土壤中，有效持水量为阔叶林

(157.04t/hm²)＞混交林(153.08t/hm²)＞针叶林II(64.67t/hm²)[图 4-6(b)]，说明阔叶林土壤持水能力最强，原因为非毛管孔隙度大，有利于降水下渗。

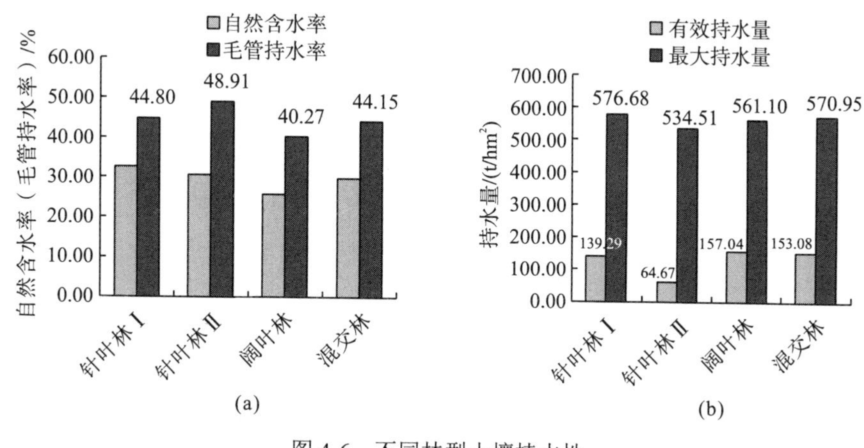

图 4-6　不同林型土壤持水性

4.5　不同林型枯落物及土壤的持水能力

枯落物和土壤持水量是森林总持水量的主要构成部分。由表 4-7 可以看出，枯落物层最大持水量表现为针叶林 I (101.59t/hm²)＞混交林(46.26t/hm²)＞针叶林II(44.63t/hm²)＞阔叶林(22.88t/hm²)，土壤层的最大持水量表现为针叶林 I (576.68t/hm²)＞混交林(570.95t/hm²)＞阔叶林(561.10t/hm²)＞针叶林II(534.51t/hm²)，各林型的总持水量表现为针叶林 I (678.27t/hm²)＞混交林(617.21t/hm²)＞阔叶林(583.98t/hm²)＞针叶林II(579.14t/hm²)。对比结果表明，喀斯特地区同一土壤类型中生长的不同森林类型，混交林涵养水源和保持水土的能力较强；不同土壤中生长的针叶林，针叶林 I 涵养水源能力比针叶林II更强。比较枯落物层及土壤层持水量所占的比例，表明土壤是森林持水的主体。

表 4-7　不同林型枯落物和土壤持水量

森林类型	枯落物层		土壤层		总持水量/(t/hm²)
	最大持水量/(t/hm²)	占总持水量的比例/%	最大持水量/(t/hm²)	占总持水量的比例/%	
针叶林 I	101.59	15.0	576.68	85.0	678.27
针叶林II	44.63	7.7	534.51	92.3	579.14
阔叶林	22.88	3.9	561.10	96.1	583.98
混交林	46.26	7.5	570.95	92.5	617.21

4.6 小　　结

(1) 对贵州喀斯特地区森林枯落物层进行研究表明，林下枯落物层总厚度为4.1～5.6cm，厚度从大到小排序为针叶林(针叶林Ⅰ＞针叶林Ⅱ)＞混交林＞阔叶林；枯落物总蓄积量针叶林Ⅰ最大，为52.15t/hm^2，阔叶林最小，为19.77t/hm^2，针叶林Ⅰ＞针叶林Ⅱ，各林型未分解层枯落物蓄积量小于半分解层。

(2) 各林型枯落物持水量与树种构成及枯落物的量有关，同一土壤中，最大持水量表现为混交林＞针叶林＞阔叶林，最大持水率从大到小为混交林＞针叶林＞阔叶林，两者关系一致。有效拦蓄量表现为混交林(26.62t/hm^2)＞针叶林(23.08t/hm^2)＞阔叶林(11.15t/hm^2)，表明混交林枯落物有效拦蓄能力最强，相当于2.662mm的降雨。

(3) 各层枯落物持水量和浸泡时间存在对数关系，吸水速率和浸泡时间存在幂函数关系。在24h持水过程中，持水量变化规律相同，吸水速率0.5h内最大，2h后趋于一致。林地的持水能力在降雨初期2h较强。

(4) 同一土壤的3种林型，混交林土壤持水能力最强，为570.95t/hm^2，相当于57.095mm水深，阔叶林次之，针叶林Ⅱ土壤持水能力最弱，二者相差36.44t/hm^2，而针叶林Ⅰ的土壤层持水能力比针叶林Ⅱ强很多。

对喀斯特地区森林枯落物持水性及土壤持水性的研究表明，喀斯特地区森林枯落物层及土壤层的水文效应显著，因此要加强对喀斯特地区林地枯落物的保护。混交林在枯落物层及土壤层中均表现出较强的持水能力和拦蓄能力，阔叶林的土壤层表现出较强的持水能力。在森林植被恢复过程中，应加大混交林的营造力度，在保护阔叶林的基础上采取措施增加阔叶林枯落物蓄积量，增强半分解层的持水能力。

总体来说，改善林型结构，不仅可提高枯落物的持水能力，而且可改善土壤结构，提高土壤的持水能力，从而提高森林在喀斯特地区水源涵养和水土保持方面的能力，更好地发挥喀斯特森林涵养水源的生态效益。

第 5 章　喀斯特地区植被及地形因素对土壤水的影响

影响土壤湿度的环境因素主要有降水、土地利用、植被覆盖、地形地貌、土壤理化性质、土壤厚度等。已有研究认为，在不同土地覆盖或土地利用条件下，土壤湿度及变化特征具有不同的规律。植被覆盖作为一种重要的环境因素，对降水有截留、根系消耗作用，并通过影响其他环境要素，如气温、风速、土壤理化性质等，间接地对土壤湿度产生影响，因此植被覆盖是影响土壤湿度的重要因素。由于喀斯特峰丛山体地形起伏大，山高坡陡，地形破碎，作为影响土壤水文过程空间分布不均匀性的第一主导因子，地形在喀斯特地区土壤水分空间分布的水文响应中有重要作用。研究喀斯特地区植被及地形因素对土壤水的影响，有助于阐明喀斯特地区水文生态效应。

5.1　研究区域与研究方法

5.1.1　研究区概况

在本章研究中，不同植被类型的样地设置于贵州省贵阳市花溪区贵州师范大学地理与环境生态实验站，地理坐标为106°37′E 、26°23′N 。花溪区海拔约为1200m，

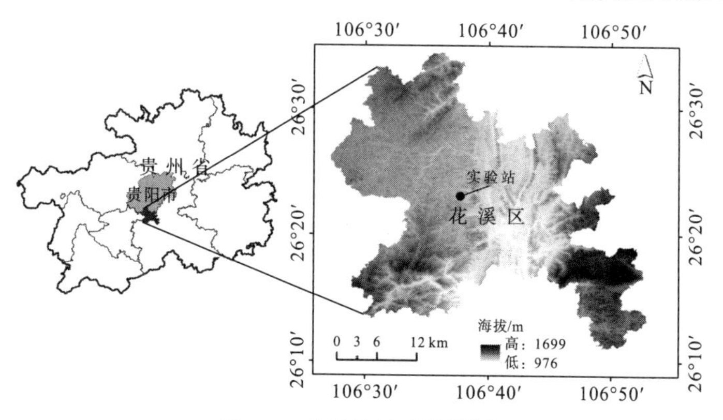

图 5-1　实验站地理位置图

地貌以山地和丘陵为主，属亚热带季风气候，具有高原季风湿润气候特点，年平均气温为 14.9℃，年极端最高气温为 35.1℃，年极端最低气温为-7.3℃，年降水量为 1178.3mm，降水较集中于夏季，年蒸发量为 738mm，植被覆盖较好，主要植被包括马尾松、麻栎、冬青、云南樟、枫香树等乔木，以及灌木和荒山草坡，主要土壤类型为黄壤和石灰土。

5.1.2 径流小区与样地设置

本章研究共设置径流小区 4 个，每个径流小区规格均为 5m×3m，坡度为 15°，坡向为北坡。土壤类型为黄壤，人工填土后自然沉降一年。径流小区Ⅰ、Ⅱ、Ⅲ植被类型为灌木和草本，径流小区Ⅳ的植被类型为灌木、草本和玉米。植被覆盖度采用照相法计算，径流小区Ⅰ、Ⅱ、Ⅲ、Ⅳ的植被覆盖度分别为 50%、70%、10%、75%。采用土壤湿度记录仪记录土壤湿度，每个径流小区设置三个土壤湿度探头，放置土壤深度为 20cm。雨量、气温、蒸发量、风速、土壤热通量等气象数据来源于自动气象站，气象站距径流小区约 50m。土壤湿度与气象数据采集频率均设置为 1h。

本章研究共设置 4 个样地，分别为裸地、草地、灌木林地、乔木林地，植被为自然生长。土壤类型为石灰土。采用 TDR(time domain reflectometry，时域反射式)法测量土壤湿度，测量精度为±3%，工作温度为-40～85℃。为减小单个采样点之间其他因素的影响，每个样地放置 6 个土壤湿度探头，放置土壤深度为 15cm 和 20cm 各 3 个。土壤湿度探头于 2017 年 9 月设置。雨量、气温、相对湿度、风速等气象数据来源于自动气象站，自动气象站距样地 80m。土壤湿度与气象数据采集频率均设置为 1h。

5.1.3 不同地形部位样点布局与采样方法

综合考虑植被类型、土壤质地、地形要素、岩石裸露率等因素，本书选取斗篷山流域内一座典型山体，植被类型为灌丛草坡，从山顶向山下呈辐射状布设样带；选取正南、正西、西北、东北、正东 5 个方向为 5 条样带，每条样带均位于不同坡面上，涉及不同坡向和坡位的灌丛草地。因喀斯特地区土层较薄，土壤厚度分布不均，平均土层厚度为 30cm 左右，故本书对 30cm 土层厚度的土壤水分空间异质性进行研究。初次采样时用 0.5m 长的竹签做好标记，在每条样带上，每间隔 10～20m 选取一个坡位点。在每个样点的土壤剖面上利用 TDR 法测定 0～10cm、10～20cm、20～30cm 三个土壤层的土壤水分。测量 3 次坡面不同方向的土壤水分，取 3 次测量的平均值代表该坡位点的土壤水分，采样时间分别为 11 月 11 日、12 月 9 日和 12 月 30 日，采样点共计 49 个(样点分布如图 5-1 所示)。

在采样同时记录样点所在位置的植被类型、覆盖度、下垫面状况等属性信息，用 GPS(global positioning system，全球定位系统)和罗盘获取样点的经纬度、坡度、坡向和海拔等地形因子。样带基本信息如表 5-1 所示。

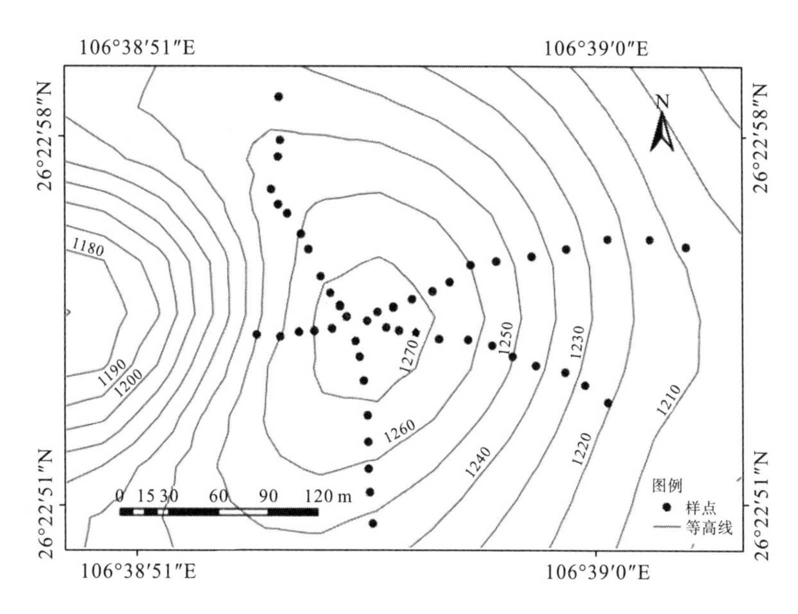

图 5-2　样点分布图

表 5-1　样带基本信息

样带	坡位-下垫面状况	坡度/(°)	小地形	测点数/个
西北	上-荒草地	20	隔阶坡面	12
	中-灌丛草地	25	平直坡面	
	下-蕨类草地	18		
东北	上-荒草地	22	隔阶坡面	13
	中-灌丛	25	平直坡面	
	下-灌丛草地	19		
正东	上-荒草地	21	隔阶坡面	11
	中-灌丛草地	26	平直坡面	
	下-灌丛草地	16		
正南	上-荒草地	22	隔阶坡面	8
	中-灌丛草地	20	平直坡面	
	下-灌丛草地	13		
正西	上-草地	18	平直坡面	5
	中-伏地植物	12		

5.1.4 数据处理与统计

5.1.4.1 数据整理与分类

各径流小区每小时的土壤湿度值为该径流小区内各探头数据的平均值。不同植被覆盖样地上，将每个样地 6 个探头测得的土壤湿度的平均值作为该样地的平均土壤湿度。通过对比研究不同时段的气象数据与土壤湿度数据可知，降雨量较大时，土壤湿度明显上升，因此，除了对研究时段数据进行整体分析，将所有土壤湿度数据分为有降雨影响时段与无降雨时段两类，并对这两类数据分别进行分析。降雨影响时段的数据选择方法为：每个雨量连续大于 0 的时段为一场降雨，先选择降雨开始前 1h 至降雨结束后 12h 数据，作为每场降雨的影响时段。再选择土壤湿度响应较明显(土壤湿度上升幅度大于 1%)的降雨场次进行分析。土壤湿度上升幅度计算方法为

$$\varDelta SM = \varDelta SM_{\mathrm{p}} - \varDelta SM_{\mathrm{s}} \tag{5-1}$$

式中，$\varDelta SM$ 为每场降雨土壤湿度上升幅度；$\varDelta SM_{\mathrm{p}}$ 为每场降雨的土壤湿度最大值；$\varDelta SM_{\mathrm{s}}$ 为每场降雨土壤湿度初始值，即降雨开始到峰值时间之间土壤湿度的最小值。

5.1.4.2 研究时段整体数据分析

为研究植被覆盖度对土壤湿度以及变化程度的影响，采用 SPSS 软件对各径流小区土壤湿度进行描述统计，包括平均值、最大值、最小值、极差、标准差。比较坡度相同径流小区的结果，分析不同植被覆盖度条件下土壤湿度的平均水平和变化特征。

5.1.4.3 降雨影响时段数据分析

为研究不同植被覆盖度条件下土壤湿度对降雨的响应程度，计算各径流小区各场降雨的土壤湿度极差的平均值；为研究不同植被覆盖度条件下土壤湿度对降雨的响应速度，计算各径流小区各场降雨土壤湿度的变化速度以及各径流小区各场降雨土壤湿度峰值出现时间(从降雨前 1h 开始计时)的累加。计算公式如下：

$$R_i = \frac{\sum_{j=1}^{n}\left[\max\left(w_{ijt}\right) - \min\left(w_{ijt}\right)\right]}{n} \tag{5-2}$$

$$\overline{V_i}=\frac{\sum_{j=1}^{n}\left[\max\left(w_{ijt}\right)-w_{ijs}\right]+\sum_{j=1}^{n}\left[\max\left(w_{ijt}\right)-w_{ije}\right]}{\sum_{j=1}^{n}\left(t_{ij\max}-t_{ijs}\right)+\sum_{j=1}^{n}\left(t_{ije}-t_{ij\max'}\right)} \tag{5-3}$$

$$T_{i总}=\sum_{j=1}^{n}t_{ij\max} \tag{5-4}$$

式中，R_i 为径流小区 i 各场降雨土壤湿度极差的平均值；w_{ijt} 为径流小区 i 第 j 场降雨 t 时刻的土壤湿度数值(从降雨前 1h 开始计时)；$\overline{V_i}$ 为径流小区 i 土壤湿度平均变化速度；w_{ijs} 为土壤湿度受降雨影响开始上升前的土壤湿度数值；w_{ije} 为径流小区 i 第 j 场降雨土壤湿度峰值结束到降雨结束后 12h 土壤湿度下降到最小值时的土壤湿度数值；t_{ijs} 为径流小区 i 第 j 场降雨土壤湿度受降雨影响开始上升前的时刻(从降雨前 1h 开始计时)；$t_{ij\max}$ 为径流小区 i 第 j 场降雨土壤湿度峰值出现的时刻(从降雨前 1h 开始计时)；$t_{ij\max'}$ 为径流小区 i 第 j 场降雨土壤湿度峰值结束的时刻；$T_{i总}$ 为径流小区 i 各土壤湿度峰值出现时间(从降雨前 1h 开始计时)累加；t_{ije} 为径流小区第 j 场降雨结束后 12h 土壤湿度下降到最小的时刻。

5.1.4.4　无降雨影响时段数据分析

采用 SPSS 软件对无降雨影响时段各径流小区土壤湿度数据进行描述统计，包括平均值、最大值、最小值、极差、标准差。根据无降雨影响时段土壤湿度数据与风速、蒸发量、气温、相对湿度、土壤热通量等气象数据关系的散点图，选择其中与土壤湿度相关的气象因素。采用 SPSS 软件对各径流小区土壤湿度与相关气象因素进行相关分析和回归分析，最后比较同坡度径流小区土壤湿度的分析结果。

5.1.4.5　Spearman 相关分析

与其他气象要素相比，降雨对土壤湿度的影响较大，因此从研究时段所有数据中选择雨量为 0 时的数据，采用雨量为 0 时的数据计算每小时土壤湿度变化量，对每小时土壤湿度变化量分别与气温、风速、相对湿度进行 Spearman 相关分析。每小时土壤湿度变化量计算方法如下：

$$\Delta SM_i=SM_{i+1}-SM_i \tag{5-5}$$

式中，SM_{i+1} 为时刻为 i+1 时的土壤湿度；SM_i 为时刻为 i 时的土壤湿度；ΔSM_i 为时刻为 i 时的土壤湿度变化量。

采用 Spearman 相关系数分析气温、风速、相对湿度与土壤湿度的相关关系。因研究区不同季节各气象要素差异较大，为降低各气象要素季节尺度变化的影响，本章对雨季与旱季的数据分别进行分析。

5.2 径流小区尺度植被覆盖度对土壤湿度的影响

5.2.1 不同植被覆盖度条件下土壤湿度总体特征

如表 5-2 所示，土壤湿度的极差与标准差均为径流小区Ⅲ最大，径流小区Ⅰ次之，径流小区Ⅱ与径流小区Ⅳ较小，因此总体上土壤湿度的极差、标准差与植被覆盖度呈负相关关系，说明植被覆盖度较低的径流小区土壤湿度数值波动较大，受外界环境变化影响的程度较大。土壤湿度的平均值与最大值径流小区Ⅲ最大，径流小区Ⅳ最小，因此总体上土壤湿度的最大值与平均值均与植被覆盖度呈负相关关系。各个径流小区之间土壤湿度最小值差距不大。从图 5-3 可知，较大程度的土壤湿度变化均是由降雨引起的。

表 5-2　各径流小区的土壤湿度数据的描述统计(%)

径流小区编号	极差	最小值	最大值	平均值	标准差
Ⅰ(50)	13.00	40.05	53.05	43.33	2.41
Ⅱ(70)	9.77	42.73	52.50	44.34	1.29
Ⅲ(10)	16.85	41.80	58.65	46.59	3.54
Ⅳ(75)	11.17	41.00	52.17	43.04	1.77

注：括号中的数字为径流小区的植被覆盖度(%)，下同

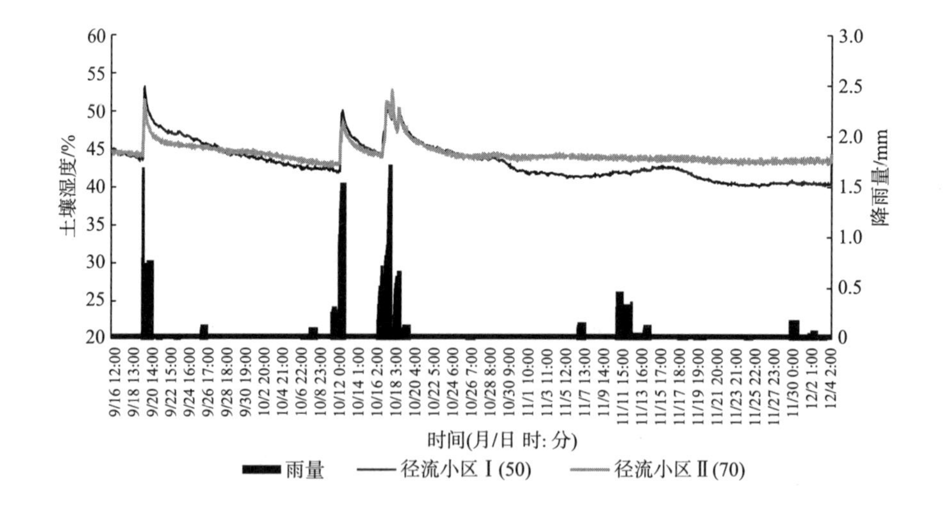

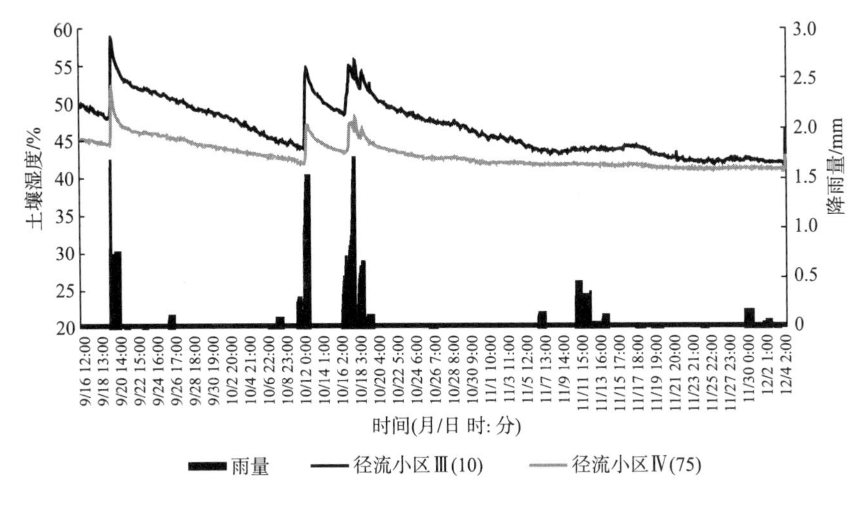

图 5-3　雨量与各径流小区土壤湿度随时间变化的折线图

5.2.2　降雨影响时段不同植被覆盖度条件下土壤湿度变化特征

按照如前所述的降雨影响时段选择方法，先选出雨量大于 0 的 14 场降雨，再从中选择土壤湿度变化程度较大的 3 场降雨影响时段数据进行分析，分别为 9 月 19 日 19：00～9 月 21 日 11：00(降雨 1)、10 月 10 日 12：00～10 月 13 日 11：00(降雨 6)、10 月 16 日 11：00～10 月 20 日 11：00(降雨 7)。从表 5-3 与图 5-4 中的

表 5-3　各径流小区的土壤湿度极差及其平均值(%)

径流小区编号	降雨 1	降雨 6	降雨 7	平均值
Ⅰ(50)	9.50	8.00	6.70	8.07
Ⅱ(70)	7.07	5.70	8.47	7.08
Ⅲ(10)	10.60	10.70	7.30	9.53
Ⅳ(75)	7.67	5.13	4.83	5.88

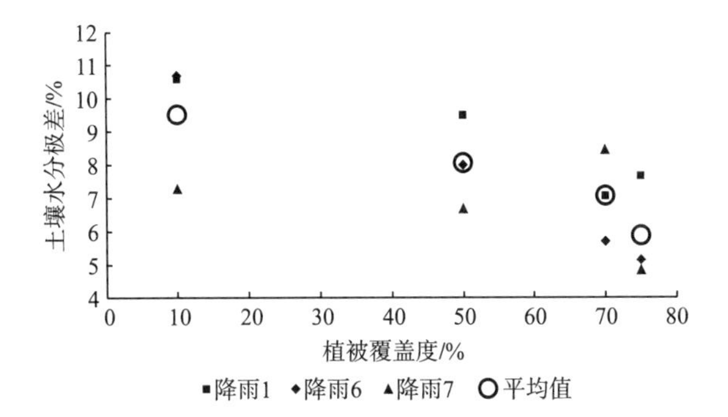

图 5-4　不同植被覆盖度条件下的土壤湿度极差及平均值

各径流小区土壤湿度极差平均值可知，不同植被覆盖度条件下土壤湿度极差的平均值不同，径流小区Ⅲ最大，径流小区Ⅰ与径流小区Ⅱ居中，径流小区Ⅳ最小，总体上降雨影响时段土壤湿度极差与植被覆盖度呈负相关关系。

表 5-4 与表 5-5 表明，土壤湿度上升平均速度径流小区Ⅲ最大，其次为径流小区Ⅰ，径流小区Ⅱ与径流小区Ⅳ较小；土壤湿度下降平均速度径流小区Ⅱ最大，径流小区Ⅲ与径流小区Ⅰ居中，径流小区Ⅳ最小，各径流小区差距不大；土壤湿度变化速度径流小区Ⅲ最大，其次为径流小区Ⅰ与径流小区Ⅱ，径流小区Ⅳ最小；总体看来，降雨影响时段土壤湿度变化与植被覆盖度的关系为：土壤湿度上升平均速度、土壤湿度变化速度与植被覆盖度大致呈负相关关系，土壤湿度下降平均速度未显示出随植被覆盖度变化的趋势。

表 5-4　降雨影响时段各径流小区的土壤湿度上升平均速度和下降平均速度

径流小区编号	土壤湿度上升数值累加/%	土壤湿度上升时间累加/h	土壤湿度上升平均速度/(%/h)	土壤湿度下降数值累加/%	土壤湿度下降时间累加/h	土壤湿度下降平均速度/(%/h)
Ⅰ(50)	28.50	35.00	0.81	16.60	116.00	0.14
Ⅱ(70)	25.83	49.00	0.53	18.50	112.00	0.17
Ⅲ(10)	32.30	31.00	1.04	17.25	117.00	0.15
Ⅳ(75)	19.97	37.00	0.54	13.20	110.00	0.12

表 5-5　降雨影响时段各径流小区的土壤湿度变化平均速度

径流小区	土壤湿度变化数值累加/%	土壤湿度变化时间累加/h	土壤湿度变化速度/(%/h)
Ⅰ(50)	45.10	151.00	0.30
Ⅱ(70)	44.33	161.00	0.28
Ⅲ(10)	49.55	148.00	0.33
Ⅳ(75)	33.17	147.00	0.23

图 5-5 中各峰值开始出现时间(从降雨前 1h 开始计时)总和表示土壤湿度峰值出现时间的先后。其中，径流小区Ⅳ(157h)数值最大，径流小区Ⅰ(154h)与径流小区Ⅱ(155h)数值相近，径流小区Ⅲ(150h)数值最小。土壤湿度峰值出现时间累加总体上与植被覆盖度呈正相关关系，植被覆盖度较高的径流小区，土壤湿度峰值出现较晚，说明较高植被覆盖度使土壤湿度峰值出现较晚，使土壤湿度对降雨响应的滞后效应增强。

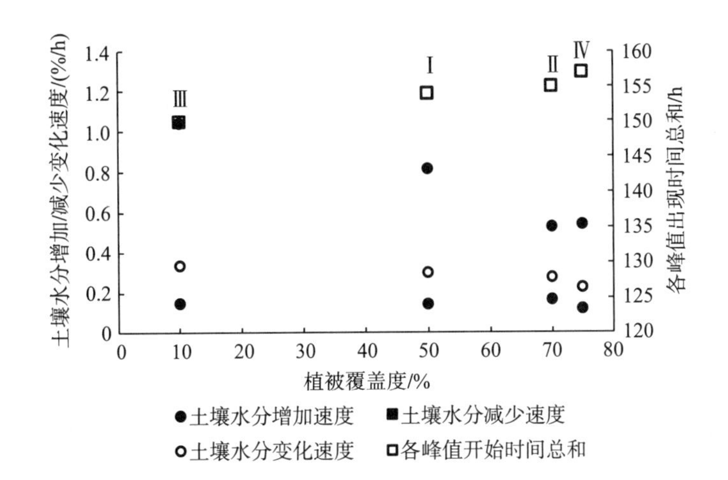

图 5-5　不同植被覆盖度条件下的土壤湿度变化速度与峰值出现时间累加

5.2.3　无降雨时段不同植被覆盖度条件下土壤湿度变化特征

表 5-6 表明，各径流小区的土壤湿度最小值相差不大，最大值径流小区Ⅲ最大，其次为径流小区Ⅰ与径流小区Ⅳ，径流小区Ⅱ最小，平均值径流小区Ⅲ最大，其次为径流小区Ⅱ，径流小区Ⅰ与径流小区Ⅳ较小。因此，土壤湿度的平均值、最大值总体上均与植被覆盖度呈负相关关系。而各径流小区土壤湿度最小值差距不大，由此可知，不同植被覆盖度条件下，土壤湿度平均值的差异主要是受土壤湿度数据中的较大数值影响。

表 5-6　无降雨时段径流小区的土壤湿度数据的描述统计(%)

径流小区编号	极差	最小值	最大值	平均值	标准差
Ⅰ(50)	7.95	40.05	48.00	42.88	1.94
Ⅱ(70)	3.33	42.80	46.13	44.06	0.68
Ⅲ(10)	11.30	41.80	53.10	46.04	3.07
Ⅳ(75)	5.77	41.00	46.77	42.77	1.50

土壤湿度的极差、标准差径流小区Ⅲ最大，径流小区Ⅰ、径流小区Ⅳ与径流小区Ⅱ较小。因此，总体上土壤湿度的极差、标准差与植被覆盖度呈负相关关系，说明植被覆盖度较低的径流小区土壤湿度数值波动较大，受外界环境变化影响的程度较大。

从图 5-6 可知，土壤湿度与气温可能呈正相关关系，与其他气象要素未显示出相关关系。表 5-7 的 Pearson 相关分析结果表明，各径流小区的相关系数均大于 0，说明两者呈正相关关系，且相关系数通过 0.01 置信水平的检验，相关系数未显示出随植被覆盖度变化的趋势。结合图 5-3 可知，研究时段的降雨量偏向分布于气温较高的 9 月和 10 月，而 11 月和 12 月降雨量较少，因此气温较高时段土壤水受降雨补给较多，土壤湿度偏高。因此图 5-6 呈现出土壤湿度随气温升高而上升的趋势。

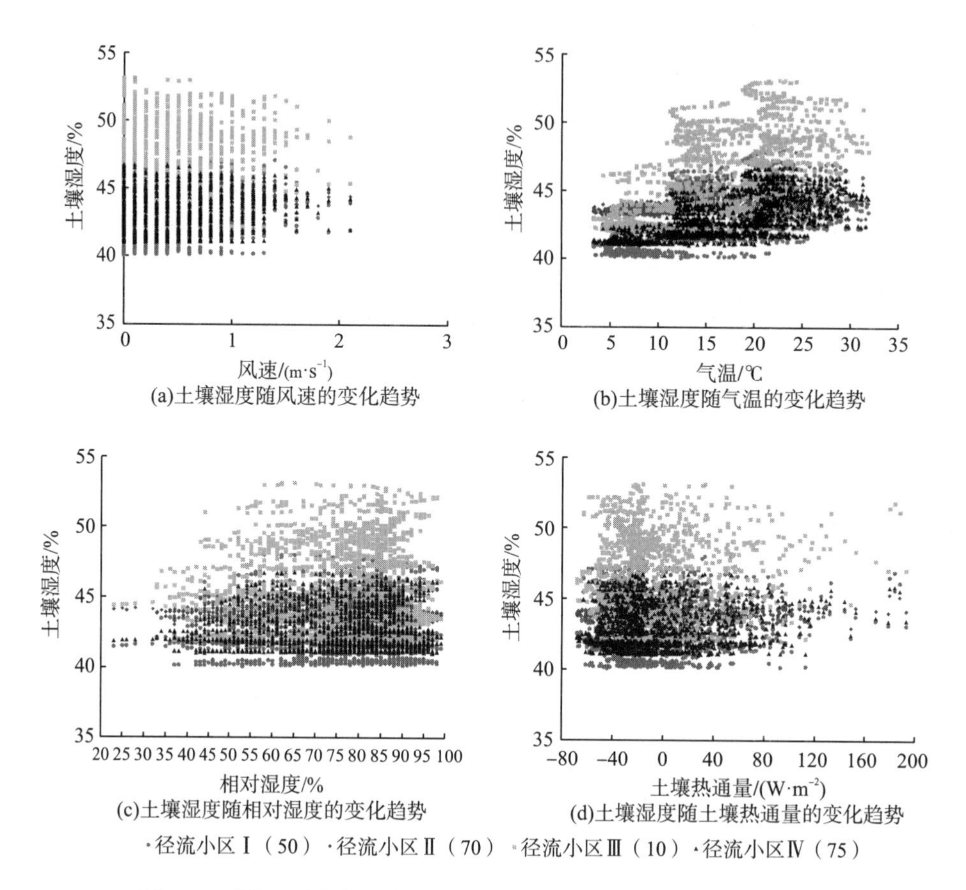

图 5-6 无降雨时段各径流小区土壤湿度随其他主要气象要素的变化

表 5-7 各径流小区土壤湿度与气温数据 Pearson 相关分析结果

径流小区编号	相关分析	
	相关系数	显著性
Ⅰ(50)	0.557	0.000
Ⅱ(70)	0.406	0.000
Ⅲ(10)	0.589	0.000
Ⅳ(75)	0.665	0.000

表 5-8 的一元线性回归分析的结果表明，回归系数径流小区Ⅲ最大，其次为径流小区Ⅰ与径流小区Ⅳ，径流小区Ⅱ最小，总体上与植被覆盖度呈负相关关系。因此，植被覆盖度越低，土壤湿度随温度的变化程度越大。一元线性回归方程的截距与 R^2 未显示出随植被覆盖度变化的趋势。

表 5-8　各径流小区土壤湿度数据与气温数据一元线性回归分析结果

径流小区编号	回归分析		
	回归系数	截距	R^2
Ⅰ(50)	0.166	40.261	0.310
Ⅱ(70)	0.042	43.391	0.165
Ⅲ(10)	0.278	41.652	0.348
Ⅳ(75)	0.154	40.349	0.443

5.2.4　土壤湿度特征与相关研究的对比

在本书研究中，植被覆盖度越高，土壤湿度平均值及最大值越小，其中最大值受植被覆盖度影响的趋势较平均值更明显，而最小值未显示出随植被覆盖度变化的趋势。结合雨量和各径流小区土壤湿度随时间变化趋势可知，不同植被覆盖度条件下土壤湿度受降雨的影响程度不同，这是由于在植被覆盖度较高时，降雨较多被植被截留，土壤水补给较少。降雨对土壤水的补给与植被覆盖度呈负相关关系。而植被覆盖度越高，土壤水蒸发速度越慢，因此各径流小区土壤湿度最小值差异不大。各径流小区土壤湿度平均值受降雨补给差异的影响，也与植被覆盖度呈负相关关系。其中，无降雨影响时段土壤湿度平均值同样与植被覆盖度呈负相关关系，这是由于浅层土壤水主要受降雨补给，无降雨影响时期浅层土壤水也主要来源于降雨时的积累，而且研究时段多阴雨天气且气温不高，植被蒸散与土壤蒸发不大，因此土壤湿度主要受降雨补给影响，与植被覆盖度呈负相关关系。

已有研究中，关于植被覆盖对土壤湿度的影响有着不同的结论。马菁和宋维峰(2016)在云南元阳梯田设置径流小区，对土壤水分动态变化规律进行研究后表明，0～20cm 深度的土壤含水率从大到小排序为坡耕地＞灌木地＞乔木林地，原因是灌木及乔木对降水的再分配作用大于裸土较多的坡耕地，与本书研究中植被截留作用使土壤水补给减少的结果一致。张晶晶和王力(2011)对黄土高原沟壑区坡面土壤水分的研究表明，土壤水分与植被覆盖度呈正相关关系，与本书研究结果相反。这可能是由于较高的植被覆盖度减少了雨水下渗及土壤蒸发，而本书研究中径流小区降雨较黄土高原区多，研究时段 9～12 月与全年相比降雨较多、蒸发较少，降雨对土壤湿度的影响较大，土壤蒸发对土壤湿度的影响较小，因此土壤湿度受不同植被覆盖度截留作用差异的影响大于蒸发差异的影响，导致土壤湿度与植被覆盖度呈负相关。

本书研究计算并对比了同一坡度不同植被覆盖度径流小区土壤湿度的极差与标准差，结果呈现出植被覆盖度越高，土壤湿度极差与标准差越小的规律。原因除植被覆盖度越大降雨时的截留量越多，也包括无降雨影响时土壤湿度受地表其他环境变化影响较小，如减小近地表风速导致蒸发减慢、减小地表温度变化范围从而使土壤湿度变化程度减小等，也可能与土壤湿度平均值较低使土壤水蒸发过程中供水状况较差从而减慢蒸发速度有关。

5.2.5 降雨影响时段土壤湿度与植被覆盖度呈负相关的原因

有降雨影响时段，土壤湿度上升速度与变化速度均与植被覆盖度呈负相关关系，这是由于在同一场降雨中，植被覆盖度越大，降雨截留量越大，到达地表并向土壤入渗的降雨量越少，土壤湿度变化速度越慢。较高植被覆盖度增加了土壤湿度对降雨响应的滞后时间，是由于在较高植被覆盖度条件下，降雨通过植被层及枯落物层的过程经历了更多的时间，到达地表并开始向土壤入渗的时间较晚。而且，在降雨初期，降雨被植被截留的比例较大，截留量达到截留容量以后，降雨才开始大部分降落到地表并下渗，而通常植被覆盖度越高时截留容量越大，因此在同样的降雨强度下，植被覆盖度越高，降雨量达到截留容量越晚，降雨开始较大比例穿透植被到达地表并向土壤入渗的时间较晚，因此植被覆盖度越高，土壤湿度峰值出现越晚。

5.2.6 土壤湿度与环境要素关系的复杂性

土壤湿度与气温呈正相关关系并通过 p=0.01 水平的显著性检验，但相关关系并不等同于因果关系。理论上，气温较高时土壤温度也较高，土壤水蒸发应相对增加从而导致土壤湿度降低，与研究结果相反。因此可推测是与气温在时间上相关的其他因素导致了土壤湿度变化，并且这种因素对土壤湿度的影响大于气温对土壤湿度的影响。研究区属于亚热带季风气候，雨热同期，研究时段为 9～12 月，理论上气温与降水均呈现出总体降低或减少的趋势，土壤水的补给也因降水减少而相应减少(夏自强 等，2001；易秀 等，2007)。结合图 5-3 可知，降雨量更多分布于气温较高的 9 月与 10 月，研究时段降雨对土壤水的补给总体上呈减少趋势，且降雨补给减少对土壤湿度的影响大于气温降低蒸发减少对土壤湿度的影响。因此，土壤湿度与气温呈正相关关系的现象应理解为，在研究时段，由于季节变化及研究区的季风气候特点，受降雨补给减少从而大致呈下降趋势的土壤湿度，与大致呈降低趋势的气温呈正相关关系。而各径流小区土壤湿度与气温的回归系数与植被覆盖度呈负相关关系，是由于降雨对土壤湿度的影响程度与植被覆盖度呈负相关，导致土壤湿度季节变化程度与植被覆盖度呈负相关。

通常，植被在生长季耗水量较多(魏天兴 等，2001；茹桃勤 等，2005；袁国富 等，2015)。而在本书研究时段，生长季期间植被覆盖度对土壤湿度的影响有待进一步研究。另外，降雨强度、降雨量等参数发生变化时，植被对降雨的再分配存在差异(何师意 等，2001b)，但研究时段中对土壤湿度形成明显影响的降雨场次较少，更多降雨特征条件下植被覆盖度对土壤湿度的影响有待进一步研究。通常植被覆盖度较大时，耗水量较大(邸苏闯 等，2012；吕文 等，2016)，对降雨的截留也较多，而在本书研究时段，植被覆盖度及枯落物等因素随季节变化，会对土壤湿度形成一定的影响，因此研究结果可能会存在一定误差。

径流小区的植被覆盖包括草地、灌丛、作物三种不同类型。已有研究表明，不同植被类型的高度与结构的差异会导致降雨截留的差异，再加上不同植被类型根系特征与土壤属性土壤湿度的影响，不同植被类型的耗水与蒸散特征，以及不同植被对其他环境因素(近地表风速、土壤温度等)的影响，也会对土壤湿度产生影响(She et al.，2014；Zheng et al.，2015；徐志尧 等，2018)。因此，植被类型可能会对本书研究的结果产生影响。另外，本书研究的径流小区的环境因素比较相近，然而植被的生长状况对自然环境有指示作用，因此实际上不同植被类型或植被覆盖度所分布区域的环境差异，可能会大于本书研究的径流小区，因此，本书研究结果不能完全反映与植被空间相关的其他环境要素对土壤湿度的影响。

5.3　植被覆盖类型对土壤湿度的影响

5.3.1　不同植被覆盖类型土壤湿度总体特征

研究时段各样地土壤湿度描述统计结果如表 5-9 和图 5-7 所示。各样地土壤湿度的平均值草地最大，其余三个样地相近，排序为草地＞乔木林地＞裸地＞灌木林地。各样地土壤湿度变异系数草地最小，时间稳定性较高，其余三个样地土壤湿度变异系数相近，排序为草地＜裸地＜灌木林地=乔木林地。参考土壤水相关研究中关于变异系数的分级：变异系数小于 0.1 为弱变异，介于 0.1～1 为中等变异，大于 1 为强变异，因此草地为弱变异，其余三个样地为中等变异。

表 5-9　土壤湿度的平均值和变异系数

地表覆盖类型	平均值/%	变异系数
裸地	34.69	0.10

续表

地表覆盖类型	平均值/%	变异系数
草地	42.16	0.06
灌木林地	34.20	0.12
乔木林地	36.10	0.12

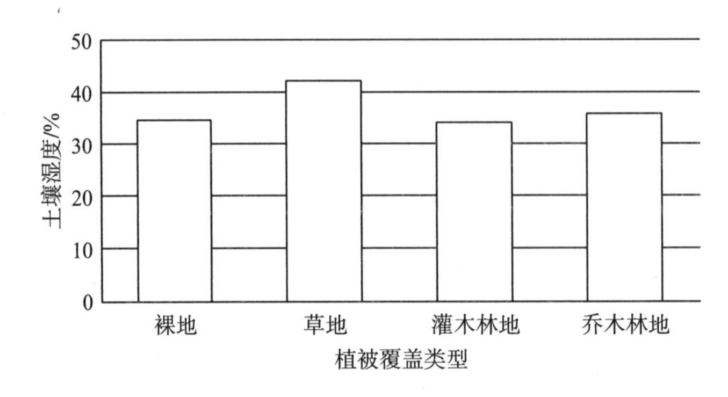

图 5-7 不同地表覆盖类型下土壤湿度的平均值

如图 5-8 所示，各样地的土壤湿度平均值均为 15cm 土壤深度的小于 20cm 土壤深度的，其中灌木林地不同深度土壤湿度的差异略大于其他样地。草地的土壤湿度在 15cm 和 20cm 两个土壤深度均大于其他样地，其他样地的土壤湿度在 15cm 土壤深度时为乔木林地＞裸地＞灌木林地，在 20cm 土壤深度时为灌木林地＞乔木林地＞裸地。各样地土壤湿度的变异系数均为 15cm 土壤深度的大于 20cm 土壤深度的，其中灌木林地不同土壤深度的差异略大于其他样地。草地的变异系数在 15cm 和 20cm 两个土壤深度均小于其他样地，其他样地的变异系数在 15cm 土壤深度时为裸地＜乔木林地＜灌木林地，在 20cm 土壤深度时为裸地＜灌木林地＜乔木林地。各样地之间土壤湿度、土壤湿度变异系数均在 15cm 土壤深度差异较大，在 20cm 土壤深度差异较小。

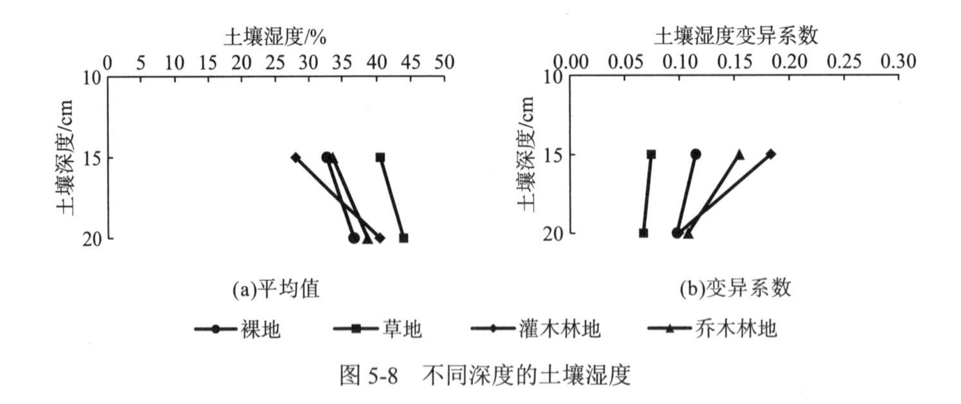

图 5-8 不同深度的土壤湿度

5.3.2　不同植被覆盖类型土壤湿度的季节差异

如图 5-9 所示，在研究时段内的旱季与雨季，土壤湿度的动态变化均受降雨影响，降雨强度较大或降雨量较大时，土壤湿度上升，无降雨或降雨量很小时，土壤湿度主要呈下降趋势。对 4 个样地进行对比可知，草地在大部分时段土壤湿度均为最高，时间变化曲线波动最小，裸地、灌木林地、乔木林地之间的土壤湿度及时间变异则差异不大，与上述描述统计结果一致。2～3 月初降雨场数较少，降雨强度也较小，土壤湿度时间变化曲线较平滑，而 3 月末及雨季降雨场数较多，降雨强度也较大，土壤湿度时间变化曲线起伏较大。

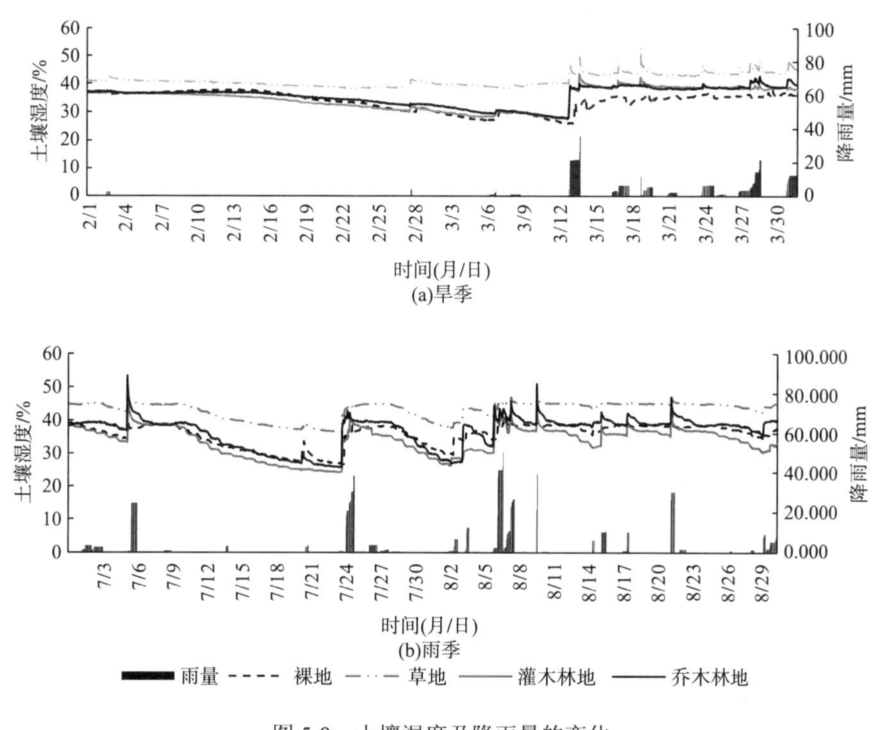

图 5-9　土壤湿度及降雨量的变化

如图 5-10 所示，从不同样地的差异来看，草地的土壤湿度在研究时段内旱季与雨季均为最高，其余样地排序在旱季为乔木林地＞灌木林地＞裸地，在雨季为乔木林地＞裸地＞灌木林地。从季节差异来看，裸地、草地、乔木林地的土壤湿度均为旱季低于雨季，灌木林地为旱季略高于雨季。各样地土壤湿度标准差均为雨季大于旱季，时间变异均为雨季大于旱季。表 5-10 中各气象要素季节差异均对土壤湿度造成影响。从不同季节气象数据对比可知，旱季降雨量小于雨季，使土壤水受降雨补给减少，平均气温低于雨季使土壤蒸发、植被耗水减少，平均风速大于雨季，平均相对湿度低于雨季则使土壤蒸发量增加。

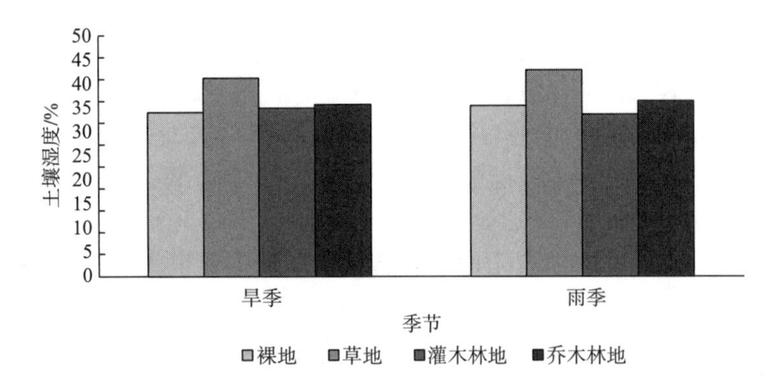

图 5-10　旱季和雨季不同地表覆盖类型的土壤湿度特征

表 5-10　干湿季气象要素的统计特征值

季节	降雨量/mm	平均温度/℃	平均风速/(m/s)	平均相对湿度/%
旱季	178.61	11.06	0.38	71.62
雨季	291.82	23.73	0.18	77.74

图 5-11 为各月份土壤湿度统计。在研究时段的各个月份，草地的土壤湿度均高于其他样地，其次为乔木林地，裸地和灌木林地土壤湿度较低。将各样地土壤湿度差异与表 5-11 的气象数据进行对比，可知土壤湿度排序与各月份降雨量的排序一致。其余样地与月降雨量排序不完全一致，裸地为 8 月＞2 月＞7 月＞3 月，灌木林地 3 月最高，其次为 8 月和 2 月，7 月最低。乔木林地 8 月最高，其次为 2 月和 3 月，7 月最低。这与不同植被类型条件下土壤湿度对气象要素响应的差异，以及不同植被的生长过程差异有关。

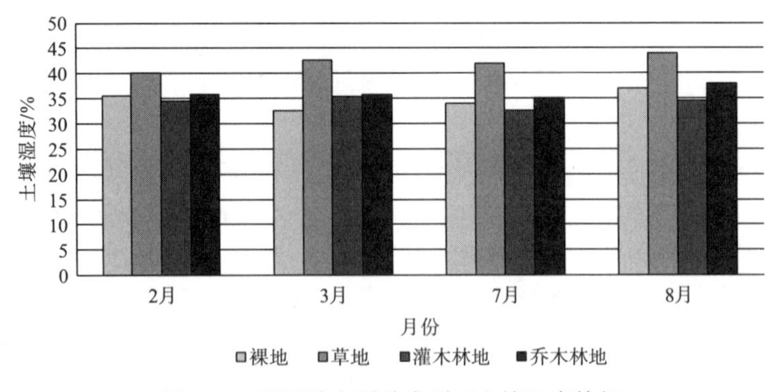

图 5-11　不同地表覆盖类型下土壤湿度特征

表 5-11　各月份气象要素统计特征值

月份	降雨量/mm	平均温度/℃	平均风速/(m/s)	平均相对湿度/%
2 月	7.37	7.41	0.38	70.08
3 月	171.25	14.35	0.39	73.01
7 月	110.62	24.18	0.21	77.07
8 月	181.2	23.27	0.15	78.40

5.3.3　降雨影响时段土壤湿度变化特征

本书选择了至少一个样地的土壤湿度上升幅度大于 1%的 17 场有效降雨，用于降雨时土壤湿度动态变化研究。各样地土壤湿度峰值时间对比随土壤湿度的变化如图 5-12 所示，可知土壤湿度对降雨的响应除受各样地植被覆盖类型影响，也可能受降雨开始前土壤湿度的影响，降雨开始前各样地平均土壤湿度较低时，草地峰值时间出现通常较晚，降雨开始前各样地平均土壤湿度较高时，草地峰值出现时间通常较早，因此以 39%为分界点将降雨前各样地土壤湿度平均值分为两级，分别计算土壤湿度峰值时间累加值，表 5-12 为计算结果，由此可知，降雨开始前草地土壤湿度最高，其次为乔木林地，灌木林地和裸地较低。当各样地降雨前土壤湿度平均值小于 39%时，各样地降雨前土壤湿度差距较大，土壤峰值时间从早到晚排序依次为乔木林地、灌木林地、裸地、草地，当各样地降雨前土壤湿度平均值大于等于 39%时，各样地降雨前土壤湿度差距较小，土壤峰值时间从早到晚排序依次为草地、灌木林地、乔木林地、裸地。

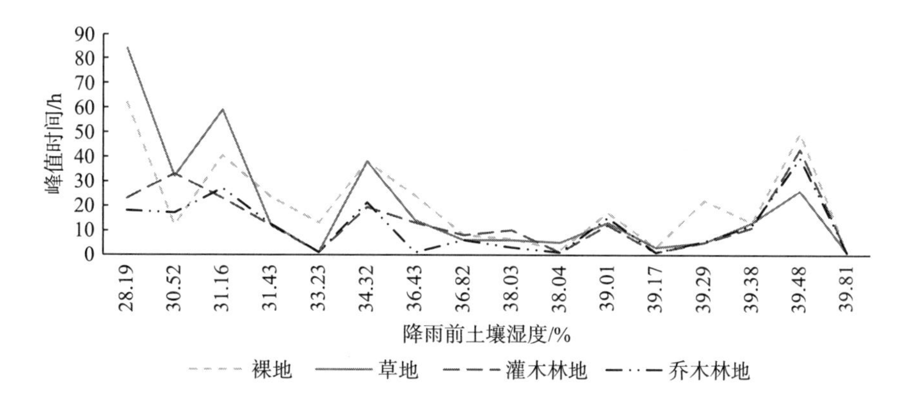

图 5-12　各地表覆盖类型下土壤湿度峰值出现时间

表 5-12 不同初始土壤湿度水平下土壤湿度峰值出现时间

地表覆盖类型	初始土壤湿度均值/%		峰值出现时间累积值/h	
	<39	≥39	<39	≥39
裸地	31.57	37.18	229.50	105.67
草地	40.48	44.20	257.50	61.00
灌木林地	30.41	37.34	143.33	73.00
乔木林地	32.80	38.70	107.70	74.00
平均值	33.82	39.36	—	—

土壤湿度上升幅度随每场降雨量的变化趋势如图 5-13 所示，两者的 Spearman 相关分析及回归分析结果如表 5-13 所示。各样地每场降雨土壤湿度上升幅度均与该场降雨量显著相关（p=0.05）。对比一元线性回归分析结果的斜率可知，该场降雨量增加时，土壤湿度上升幅度乔木林地与灌木林地较大，其次为裸地，草地最小。对比一元线性回归分析结果的 R^2 可知，土壤湿度上升幅度与降雨量的相关程度灌木林地最大，其次为裸地和乔木林地，草地相关程度最小。

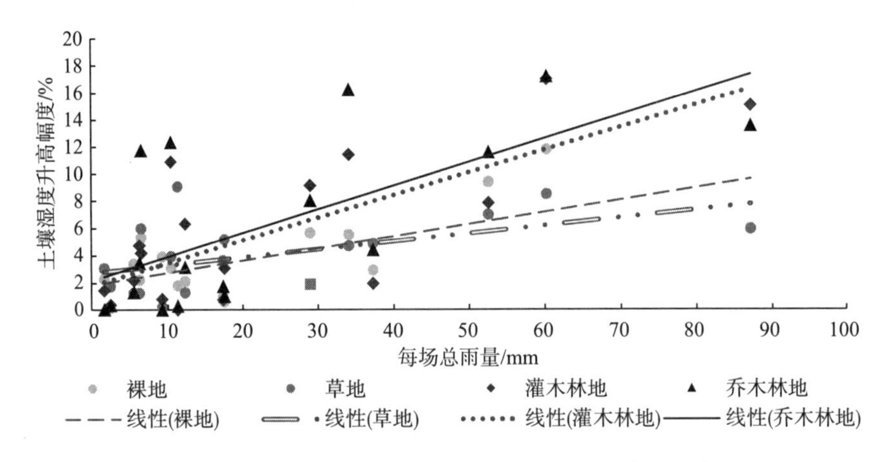

图 5-13 土壤湿度上升幅度随每场降雨量的变化趋势

表 5-13 Spearman 相关分析及回归分析结果

植被覆盖类型	显著性	斜率	截距	R^2
裸地	0.026	0.090	1.81	0.48
草地	0.014	0.059	2.69	0.28
灌木林地	0.011	0.167	1.77	0.56
乔木林地	0.005	0.175	2.15	0.45

5.3.4　无降雨时土壤湿度变化特征

图 5-14 为无降雨时小时尺度土壤湿度变化量随气象要素的变化。根据表 5-14 的 Spearman 相关分析结果(p=0.05)，裸地的土壤湿度变化量与气温、风速均呈显著负相关，草地的土壤湿度变化量与气温和相对湿度呈显著负相关，灌木林地与乔木林地的土壤湿度变化量与气温、相对湿度呈显著负相关。综上所述，不同植被覆盖类型样地的土壤湿度变化量，与各气象要素相关关系的显著性存在差异，在通过 p=0.05 水平显著性检验的结果中，风速、气温、相对湿度均与各样地的土壤湿度变化量呈负相关关系。

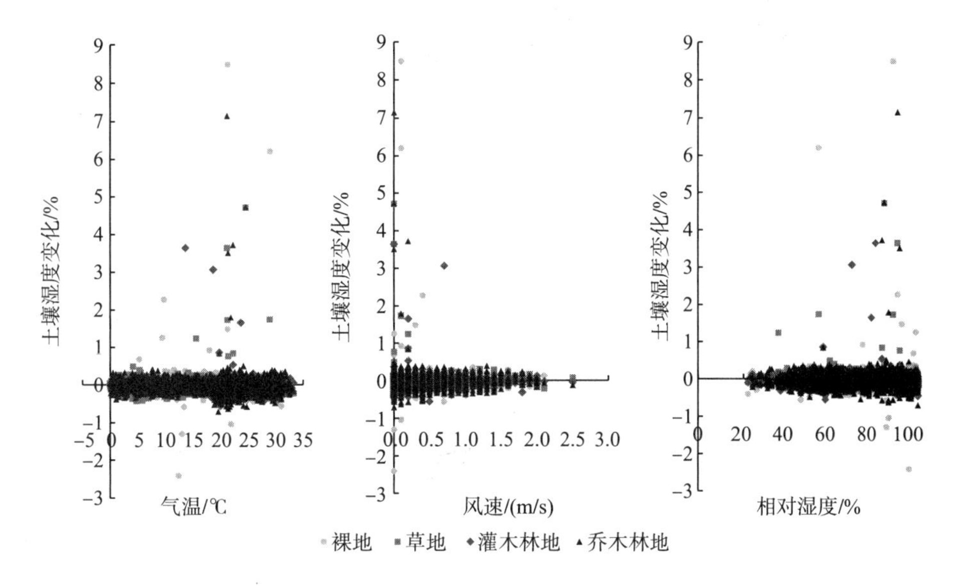

图 5-14　无降雨时小时尺度土壤湿度变化量随气象要素的变化

表 5-14　无降雨时小时尺度土壤湿度变化量与气象要素变化的 Spearman 相关分析

气象要素	裸地		草地		灌木林地		乔木林地	
	相关系数	显著性	相关系数	显著性	相关系数	显著性	相关系数	显著性
气温	−0.104	0.000	−0.029	0.193	−0.111	0.000	−0.075	0.001
风速	−0.058	0.009	0.040	0.072	0.009	0.686	0.026	0.241
相对湿度	0.035	0.112	−0.096	0.000	−0.057	0.010	−0.068	0.002

图 5-15 为旱季无降雨时土壤湿度随气象要素的变化。根据表 5-15 的 Spearman 相关分析结果(p=0.05)，裸地、草地、灌木林地、乔木林地的土壤湿度均与气温、

风速呈显著负相关，草地、裸地、灌木林地、乔木林地的土壤湿度与相对湿度呈显著正相关。综上所述，不同植被覆盖类型样地的土壤湿度，与各气象要素相关关系的显著性存在差异，在通过 p=0.05 水平显著性检验的结果中，风速、气温与各样地土壤湿度呈负相关关系，相对湿度与土壤湿度呈正相关关系。

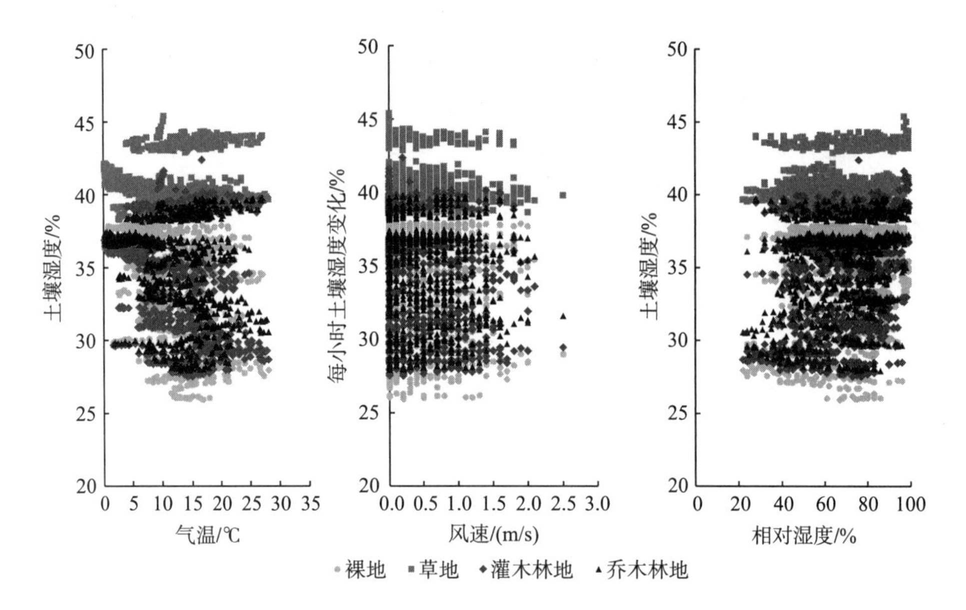

图 5-15 旱季无降雨时土壤湿度随气象要素的变化

表 5-15 旱季无降雨时土壤湿度变化量与气象要素 Spearman 相关分析

气象要素	裸地		草地		灌木林地		乔木林地	
	相关系数	显著性	相关系数	显著性	相关系数	显著性	相关系数	显著性
气温	−0.545	0.000	−0.087	0.006	−0.263	0.000	−0.200	0.000
风速	−0.140	0.000	−0.187	0.000	−0.217	0.000	−0.192	0.000
相对湿度	0.077	0.015	0.060	0.058	0.177	0.000	0.211	0.000

图 5-16 为雨季无降雨时土壤湿度随气象要素的变化。根据表 5-16 的 Spearman 相关分析结果(p=0.05)，裸地、草地、灌木林地、乔木林地的土壤湿度均与气温呈显著负相关，与相对湿度呈显著正相关。雨季与旱季相比，相同点主要为：气温与各样地的土壤湿度呈显著负相关，大部分样地的土壤湿度与相对湿度呈显著正相关或接近显著正相关。主要的不同点为旱季各样地土壤湿度均与风速呈显著负相关，而雨季各样地土壤湿度与风速的 Spearman 相关系数均未通过 p=0.05 水平的显著性检验。

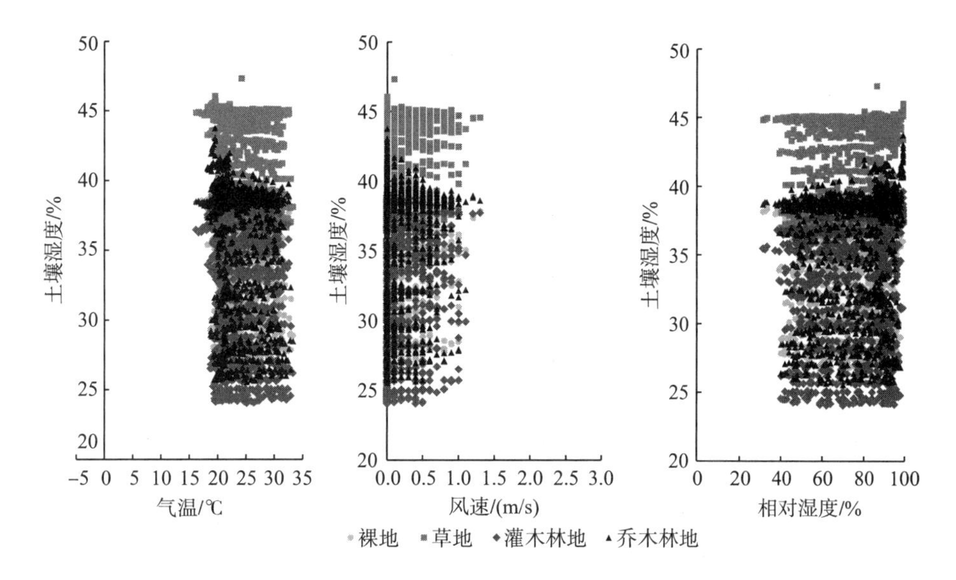

图 5-16　旱季无降雨时土壤湿度随气象要素的变化

表 5-16　雨季无降雨时土壤湿度变化量与气象要素 Spearman 相关分析

气象要素	裸地		草地		灌木林地		乔木林地	
	相关系数	显著性	相关系数	显著性	相关系数	显著性	相关系数	显著性
气温	−0.128	0.000	−0.158	0.000	−0.127	0.000	−0.167	0.000
风速	−0.035	0.257	−0.035	0.252	0.018	0.568	0.022	0.483
相对湿度	0.105	0.001	0.124	0.000	0.143	0.000	0.178	0.000

5.3.5　植被覆盖类型对土壤湿度影响的机制

在研究时段内，草地的土壤湿度最大。在土壤水补给方面，草地覆盖植物对到达地表的降雨有阻滞作用，使地表雨水不会快速流失，并且根系可促进雨水下渗，因此有利于降雨对土壤水的补给。在土壤水消耗方面，植被覆盖可通过减小风速以及减弱太阳辐射等作用减少土壤水蒸发。裸地平均土壤湿度低于草地，是由于裸地地表无植被覆盖，且存在一定的土壤结皮，降雨时雨水较快流失所导致。无植被根系相对不利于雨水下渗，无降雨时地表无植被覆盖导致土壤水蒸发相对较快。灌木林地、乔木林地对到达地表的雨水有截留作用，其植被覆盖度、叶面积指数、植被高度等参数均大于草地，导致植被对降雨的截留大于草地，且植被生长耗水通常大于草地植被，因此土壤湿度低于草地。统计 15cm 和 20cm 两种土壤深度的土壤湿度平均值发现，各样地的土壤湿度均为 15cm 土壤深度的小于 20cm 土壤深度的，这是由浅层土壤的土壤水蒸发较多导致的。Wang 等(2013)研究了中国黄土高原7、8月份的土壤湿度，研究期月均降雨量为113.5mm，与本书研究月均降雨量差距不大(本书研究为117.61mm)，该研究结果中，不同植被覆盖类型区土壤湿度平均值从大到小排序为草地＞乔木林地＞灌木林地，与本书研究结果一致。Mei等(2018)对中国山西西部黄土高原植被恢复区土壤湿度进行研究，也得出自然草地土壤湿度高于人工乔木林地与自然乔木林地的结论。

如前所述，草地土壤湿度在大部分时间保持较高水平，因此降雨前土壤湿度较高，土壤下渗容量较小，雨水下渗速度越慢，导致降雨时土壤湿度上升幅度不大，因此变异系数最小。裸地降雨前的土壤湿度小于草地，降雨后土壤水虽蒸发较快但无植被耗水，因此变异系数为中等。灌木林地与乔木林地植被在无降雨时植被生长消耗及蒸腾较多，因此变异系数最大。统计土壤深度为15cm与20cm的土壤湿度变异系数发现，各样地的土壤湿度变异系数均为15cm土壤深度的大于20cm土壤深度的，这是由于上层土壤水受降雨补给较多，土壤水蒸发较快，且更易于受地表环境变化影响。

5.3.6 土壤湿度的季节与降雨响应时间差异原因分析

由于降雨量对土壤湿度影响较大，裸地、草地、乔木林地的土壤湿度均为雨季高于旱季。而灌木林地旱季土壤湿度略高于雨季，可能是由于灌木林地在雨季的高温时段土壤水蒸发和植被生长耗水增加所致。而草地和裸地在雨季植被耗水较灌木少。乔木林地林冠层阻挡一部分太阳辐射，使乔木林近地表气温明显低于其他植被覆盖区域，导致土壤水蒸发速度小于灌木林地。另外从气象数据统计和雨量时间分布图可知，7月降雨量较少且存在半月左右无有效降雨(本书研究选择的降雨场次)的干旱时段，加上此时高温使土壤水蒸发量较大且灌木生长耗水和植被蒸腾较快，导致灌木林地雨季土壤湿度低于旱季，且在4个样地中雨季土壤湿度为最低。

当降雨前各样地平均土壤湿度较低(＜39%)时，草地在降雨前平均土壤湿度明显大于其他样地，导致草地土壤下渗容量较小，地表雨水下渗速度减慢，因此土壤湿度对降雨的响应时间最晚。裸地在降雨前平均土壤湿度较低(31.57%)，且无植被截留，降雨几乎全部到达地表，因此对降雨的响应时间略早于草地。灌木林地、乔木林地树干和根系对下渗起到明显的促进作用，且与草地相比，降雨前平均土壤湿度较低(分别为30.41%与32.80%)，地表雨水下渗速度较草地更快，因此乔木林地与灌木林地对降雨的响应时间早于草地与裸地。而当降雨前各样地平均土壤湿度较高(≥39%)时，各样地降雨前土壤湿度差距减小，各样地土壤下渗容量均较小导致下渗速度减慢，下渗容量差异对响应时间的影响程度降低，响应时间主要受不同植被对降雨作用的影响。草地植被的截留能力及植被耗水少于灌木林地与乔木林地，因此对降雨响应最早，其次为乔木林地与灌木林地，而裸地由于存在表层结皮使雨水快速流失，且无植被根系使地表雨水下渗较慢，因此对降雨响应最晚。

Zheng 等(2015)研究了内蒙古三种植被覆盖条件下的土壤湿度差异，得出草地的峰值开始时间早于另外两种类型乔木覆盖样地的结论，与本书研究的结果不完全一致。这是由于该研究的内蒙古地区属于半干旱气候，各植被覆盖类型的样地降雨前土壤湿度均较低，草地与林地土壤湿度对降雨响应时间的差异，主要受不同植被对降雨截留能力差异的影响，较少受降雨前土壤湿度差异的影响。因此，该研究结果与本书研究中降雨前土壤湿度大于等于 39%时的结果一致，与降雨前土壤湿度小于 39%时的结果不一致。由此可知，当不同植被覆盖类型的样地降雨前土壤湿度相差较小时，土壤湿度对降雨的响应主要受植被类型的影响，而降雨前土壤湿度相差较大时，降雨前土壤湿度较大的样地对降雨的响应速度明显较慢。

各样地乔木林地和灌木林地的斜率较大，其次为裸地，草地最小，各样地灌木林地、裸地、乔木林地的 R^2 较大，草地最小。这是由于灌木林地和乔木林地降雨前土壤湿度较低，下渗容量较大，导致降雨时土壤湿度上升幅度较大，因此斜率较大，土壤湿度上升幅度与降雨量变化趋势较一致，因此 R^2 也较大。裸地土壤湿度上升幅度与降雨量变化趋势较一致，因此 R^2 较大，但裸地地表雨水易流失而不易下渗，降雨时土壤湿度上升幅度较大，因此斜率较小。草地土壤下渗容量最小，降雨对土壤水的补给量不大，草地的下渗容量随降雨前土壤湿度变化较明显，导致土壤湿度上升幅度除受降雨量影响，也受降雨前土壤湿度影响，因此 R^2 最小。

5.3.7　其他气象要素对土壤湿度的影响

降雨量为 0mm 时，气温与各样地土壤湿度变化呈负相关关系，其中与裸地、灌木林地、乔木林地呈显著负相关，这是由于草地土壤水蒸发少于裸地，植被耗水少于灌木林地与乔木林地，因此土壤湿度变化与气温相关性偏低。在风速与土壤湿度变化的相关分析中，只有裸地土壤湿度变化与风速呈显著负相关，其他 3 个样地的植被减缓近地表风速，使土壤湿度与风速相关性不显著。在相对湿度与土壤湿度变化的相关分析中，由于雨后时段相对湿度较大，同时土壤湿度持续较快下降，草地、灌木林地、乔木林地的土壤湿度变化与相对湿度呈显著负相关，裸地土壤湿度变化与气温、风速等其他因素相关性较显著，因此与相对湿度未呈现显著相关关系。

从气象要素与土壤湿度的相关分析来看，气温在旱季、雨季均与土壤湿度呈显著负相关，主要原因是气温较高时土壤水蒸发、植被耗水速度较快。风速在旱季与各样地土壤湿度呈显著负相关，在雨季与各样地土壤湿度相关性不显著，这是由于雨季气温高且降雨多，对土壤湿度影响较大，导致风速对土壤湿度的影响相对减小。除旱季草地的土壤湿度与空气相对湿度相关性的显著性略大于 0.05，其他样地在旱季与雨季的相关系数均通过 p=0.05 水平的显著性检验。

对比各气象要素对土壤湿度及土壤湿度变化量的影响发现，气温与土壤湿度及土壤湿度变化量的相关系数较偏离 0，这是由于气温对土壤水蒸发及植被耗水的影响程度最大，而且气温可通过影响土壤温度间接影响土壤水蒸发，此外，气温在不同天气以及每天的不同时刻变化较大，使土壤湿度随气温变化的程度也较大，因此气温对土壤湿度的影响可通过相关分析结果解释。其中，气温与旱季裸地的土壤湿度相关系数最偏离 0(为-0.545)，这是由于其他样地植被削弱太阳辐射，使晴天时近地表气温低于裸地，裸地近地表气温较高，土壤水蒸发随气温升高增加幅度较大，而且旱季降雨较少，气温对土壤水蒸发的影响较少受降雨补给的影响。

本书研究中，土壤湿度变化量与气象要素的 Spearman 相关分析结果表明，部分样地与部分气象要素通过 p=0.05 水平的显著性检验，但相关系数较低，对土壤湿度变化量与气象要素的相关性解释程度较低。这可能是由于各气象要素以及其他与土壤湿度相关的多种环境因素之间的相互作用，及其对土壤湿度的综合作用较为复杂，因此相关系数偏低。

5.4 喀斯特山体地形对土壤湿度的影响

5.4.1 土壤水分的统计特征

土壤水分统计特征如表 5-17 所示，土壤水分为 6.7%～52.5%，其空间变异性程度由变异系数值(CV)表示，三次采样各土层土壤水分 CV 均表现为中等的变异程度(10%≤CV≤100%)。三次采样土壤水分含量从土壤表层到深层呈现的变化特征存在不一致性，11 月 11 日土壤水分最小值和均值表现为由表层到深层逐渐增大，各土层土壤水分最大值均比 12 月 9 日和 12 月 30 日值大，原因是采样前一天发生降雨(6.731mm)。12 月 9 日采样前两天发生少量降雨(4.292mm)，地面表层的土壤水分得到部分补充，表层的土壤水向下渗透，理论上土壤水分含量应表现为由表层到深层逐渐增大，但由于受到下渗速率和下渗量、土壤蒸发和深层土壤内植物根系的呼吸作用等综合作用，土壤水分在垂直方向上的分布表现为最大值和最小值由表层到深层逐渐减小，标准差和变异系数表现为表层小、深层大，说明上层土壤水分空间分布较均质，下层土壤水分空间异质性更强。12 月 30 日中间层土壤水分最大值和均值最大，标准差和变异系数为表层>深层>中间层。因采样前一日降雨量为 0.4572mm，地面表层的土壤水分得到部分补充，表层的土壤水向下渗透但未下渗到深的土层，所以土壤水分均值为中间层>表层>深层。总体上来看，中间层土壤水分值较大，深层次之，表层最小。土壤水分值大，变异系数则小；土壤水分值小，变异系数则大。

表 5-17 土壤水分基本统计特征值

11 月 11 日					
土层厚度/cm	最小值/%	最大值/%	均值/%	标准差	*CV*
0～10	6.7	48.2	24.2	8.9	0.36
10～20	7.1	43.4	25.68	8.51	0.32
20～30	9.9	52.5	25.87	8.7	0.33
12 月 9 日					
土层厚度/cm	最小值/%	最大值/%	均值/%	标准差	*CV*
0～10	13.6	41.9	25.02	7.06	0.28
10～20	9.1	39.7	25.88	7.86	0.3
20～30	8.2	37.3	24.89	8.20	0.32
12 月 30 日					
土层厚度/cm	最小值/%	最大值/%	均值/%	标准差	*CV*
0～10	7.3	38.4	23.33	6.91	0.29
10～20	10.2	40.7	25.83	6.37	0.24
20～30	10.9	39.8	25.30	6.83	0.27

5.4.2 土壤水分的垂直分异特征

土壤剖面各土层土壤水分值如表 5-18 所示，可以看出土壤水分从土壤表层到深层的变化特征存在差异。11 月 11 日采样除西北样带土壤水分值表现为中间层最大、表层和深层较小，其余四条样带均表现为从表层到深层逐渐增大。12 月 9 日采样西北和正南样带土壤水分分布规律为中间层>深层>表层，正东样带为由表层到深层逐渐增大，东北和正西样带土壤水分分布规律与正东样带相反。12 月 30 日采样西北和正东样带土壤水分分布规律为由表层到深层逐渐增大，其余三条样带为中间层>深层>表层。综上所述，三次采样各样带坡面不同土壤层次的土壤水分变化并不完全一致。原因是 11 月 11 日采样天气较干旱，越接近地面表层，土壤水分蒸发越强烈，所以土壤水分总体上表现为随着深度增加而增大的现象。

表 5-18 样带不同土壤层次平均土壤水分

样带	11 月 11 日					
	0～10cm		10～20cm		20～30cm	
	土壤水分	*CV*	土壤水分	*CV*	土壤水分	*CV*
西北	28.84	0.34	30.03	0.19	28.77	0.30
东北	21.88	0.34	22.61	0.35	22.67	0.38
正东	27.41	0.27	28.99	0.26	29.47	0.30
正南	19.92	0.50	22.64	0.52	24.45	0.37
正西	18.95	0.24	21.08	0.28	21.59	0.26

续表

样带	12月9日					
	0～10cm		10～20cm		20～30cm	
	土壤水分	*CV*	土壤水分	*CV*	土壤水分	*CV*
西北	28.30	0.28	30.24	0.19	28.68	0.24
东北	25.02	0.28	24.80	0.37	24.34	0.40
正东	23.08	0.27	25.35	0.35	25.50	0.32
正南	22.37	0.22	23.29	0.29	22.90	0.32
正西	24.49	0.30	23.55	0.22	19.05	0.33
样带	12月30日					
	0～10cm		10～20cm		20～30cm	
	土壤水分	*CV*	土壤水分	*CV*	土壤水分	*CV*
西北	26.21	0.298	26.47	0.299	26.74	0.295
东北	23.09	0.29	24.59	0.31	23.05	0.33
正东	20.96	0.22	24.65	0.16	26.12	0.25
正南	23.09	0.38	28.19	0.20	24.92	0.14
正西	22.66	0.30	26.35	0.19	25.95	0.26

11月11日采样正南样带三个土壤层次的土壤水分*CV*较大，表明该样带每个土壤层次的土壤水分空间异质性较强，表层和中间层的*CV*达到0.5以上。相对来说西北样带空间异质性更小些，中间层土壤水分*CV*最小，为0.19，在表层和深层土壤水分*CV*较大，达0.3以上。正东样带的土壤水分*CV*表现为深层最大，表层次之，中间层最小。而正西样带土壤水分*CV*表现为中间层最大，表层最小。12月9日采样西北样带各层土壤水分值最大而正南样带各层土壤水分含量偏小，西北样带土壤水分变异规律与11月11日采样一致。东北和正南样带土壤水分*CV*从表层到深层逐渐增大，且东北样带土壤深层*CV*达到最大，为0.40。正西样带深层土壤水分最低而变异系数最大，中间层最小。12月30日采样西北样带各土壤层土壤水分含量和*CV*无明显的变化，各土层*CV*均在0.3左右，表现为中等程度变异。东北样带从表层到深层土壤水分*CV*逐渐增大。正东样带深层*CV*最大，中间层最小。正南样带从表层到深层土壤水分*CV*逐渐减小，而正西样带*CV*则表现为表层最大，深层次之，中间层最小。可见，三次采样不同样带不同土壤层次的变化存在比较大的差异。

实际上，土壤水分在垂直方向上的变化受到多种因素的影响。以正东样带为例，其土壤水分在垂直方向上的变化表现为深层>中间层>表层，原因可能是深层土壤接收了上层土壤下渗和侧向运动的水分，所以深层土壤水分的积累、运移等过程比表层和中间层的土壤更加复杂，从而使得深层土壤水分变异机制更为复杂。

从表5-17得到土壤水分与*CV*之间的对应关系图，如图5-16所示。三次采样

土壤水分与 *CV* 呈负相关关系。土壤水分含量较高，其相应的 *CV* 较小，表示随着土壤水分的增加，其空间异质性较不明显。反之，当土壤水分较低时，其对应的 *CV* 较大，表示当土壤水分较低时其空间异质性更明显。可能的原因是：降雨使得表层的土壤水分得到补充，经过土壤水的侧向流动和下渗使水平和垂直方向上的土壤水分得到补充，从而减小了土壤水分的空间异质性。

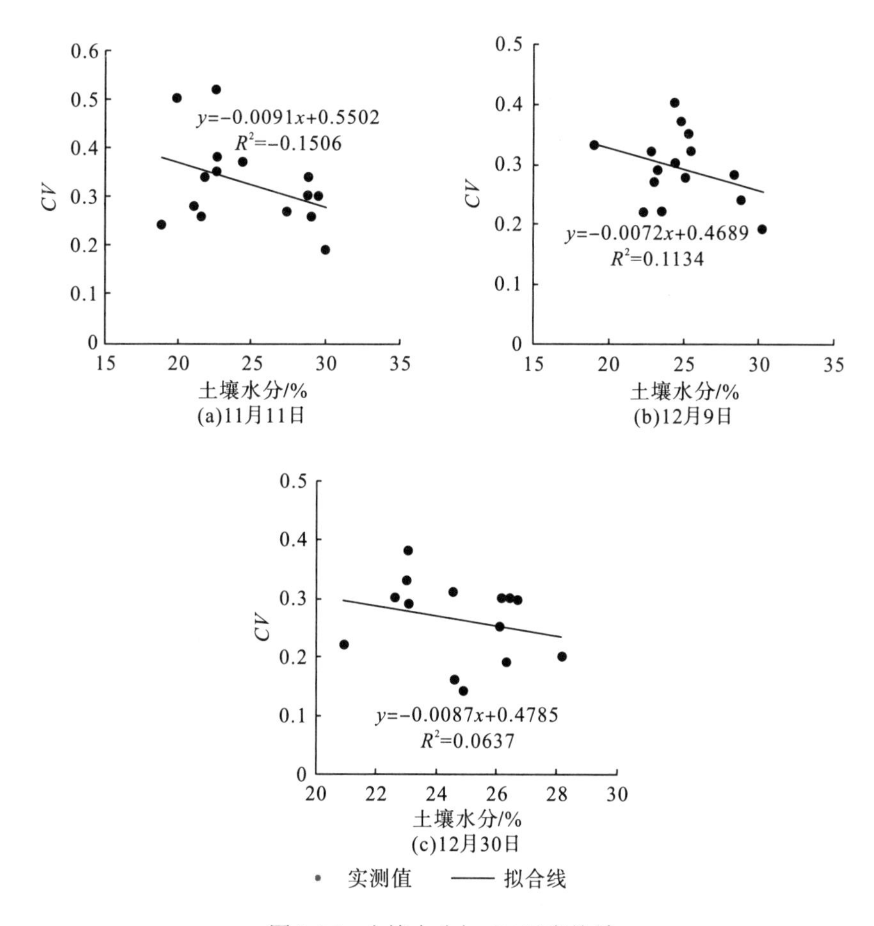

图 5-16　土壤水分与 *CV* 对应关系

5.4.3　坡度对土壤水分的影响

坡度通过影响太阳遮蔽时间、遮蔽时长，使得坡面上接受的辐射量及潜在蒸发能力不同，还影响着坡面的降雨强度及水分滞留时间，从而对土壤水分的动态变化具有显著影响。本书利用相关分析法，分析了坡度对坡面不同层次土壤水分含量之间的影响，得到坡度与土壤水分之间的相关系数表，并在 0.05 水平下进行了显著性检验。大部分数据都反映了坡度与土壤水分呈负相关($p<0.05$)，即当坡

度逐渐增大，土壤水分相应地呈下降趋势。11 月 11 日采样西北样带表层和中间层以及 12 月 9 日采样表层土壤水分与坡度呈显著负相关，表明在这几个土壤层次土壤水分与坡度因子的关系显著。相对来说，西北样带的坡度较大，植被类型单一，所以其与土壤水分的相关性更显著。其他几条样带虽然坡度也大，但样带分布的植被类型多样减弱了坡度对土壤水分的影响。可以说，在地形复杂、坡度较大、植被类型较单一的情况下，土壤水分不易存储和下渗，坡度与表层土壤水分呈显著负相关关系。

东北样带在三次采样中土壤水分与坡度均表现为弱的负相关关系，每次采样东北样带各层土壤水分值变化较小，说明该样带植被种类的丰富性和复杂性减弱了坡度对土壤水分的影响，致使在该样带坡度与土壤水分的关系呈不显著负相关关系。正东样带在 11 月 11 日采样中表层的土壤水由于得到了降水的补充，坡度对其影响作用并不明显，而中间层和深层土壤通过下渗的方式其土壤水得到了部分补充，因此两个土壤层次的土壤水分与坡度呈不显著的负相关关系。根据后两次采样时土壤剖面的情况，降水下渗到 0～10cm 的土壤层，因此表层的土壤水分值与坡度呈不显著的负相关关系。正西样带前两次采样土壤水分与坡度呈正相关，这与降雨的发生以及土壤质地有关系。由于正西样带土壤质地疏松，持水性最弱，土壤水分含量沿着整条样带的分布都较低，导致坡度对土壤水分空间分布的作用减小。同时发现，在一些中间层和深层的土壤水分与坡度呈不显著的正相关关系，说明在较深的土壤层次存在其他因子对土壤水分的空间变异具有显著的影响(表 5-19)。

表 5-19 各样带坡度与土壤水分的相关系数及显著性检验

样带信息	11 月 11 日		
	土壤层次		
	0～10cm	10～20cm	20～30cm
西北	0.552*	-0.609*	-0.295
东北	-0.365	-0.321	-0.444
正东	0.322	-0.178	-0.168
正西	0.149	0.142	0.620
正南	-0.014	0.036	-0.075
样带信息	12 月 9 日		
	土壤层次		
	0～10cm	10～20cm	20～30cm
西北	-0.648*	-0.352	-0.358
东北	-0.076	-0.262	-0.167

续表

样带信息	12 月 9 日		
	土壤层次		
	0～10cm	10～20cm	20～30cm
正东	−0.013	0.384	0.414
正西	0.302	0.717	0.877
正南	−0.029	−0.203	0.053

样带信息	12 月 30 日		
	土壤层次		
	0～10cm	10～20cm	20～30cm
西北	−0.052	0.046	−0.324
东北	−0.344	−0.417	−0.291
正东	−0.090	0.156	0.132
正西	−0.016	0.602	0.816
正南	−0.266	−0.467	−0.365

注：*表示在 0.05 水平下显著相关

综上可知，喀斯特峰丛山体坡度与土壤水分呈现显著负相关关系主要发生在坡度较大的表层土壤里。同时，由于降水事件的发生，土壤水分发生下渗导致土壤水分空间分布规律的复杂性。正西样带土壤的持水性能差，坡度对该样带土壤水分并无明显的影响。总的来说，在喀斯特地区，坡度对土壤水分的空间变异影响较大且呈负相关关系。由于喀斯特地区地形复杂、海拔高、植被种类多样等特点，坡度是影响土壤水分空间分异的一个重要因素，但其对土壤水分的显著性影响主要发生在土壤表层，而对深层次土壤水分无明显影响。由此推断，深层的土壤水分空间结构受到多种影响因素的作用从而减弱了坡度的作用(表 5-19)。

以 12 月 9 日(降雨 4.292mm)数据进行分析，选取植被分布较为均质的西北样带来分析土壤水分在整条样带上随坡度的变化规律，样点编号表示由山下到山顶的样点分布。整个坡面上三个土层的土壤水分随坡度的变化呈波状分布(图 5-17)。喀斯特山体坡面碎石广布，石丛的存在影响着降水下渗、再分配以及蒸发蒸腾等水文过程，使得位于石丛内的样点因蒸发强烈而导致土壤水分较低。石丛周围的土体能截留部分降水或侧渗流使得样点的含水率较高，同时反映了坡面土壤水分的不连续性及生境的破碎化特征。从总体上看，土壤水分与坡度的变化规律相反，即当坡度增加时，土壤水分减小，当坡度减小时，土壤水分增大。在整个坡面上可以看出，0～10cm 土层土壤水分随坡度的变化幅度最大，10～20cm、20～30cm 两个土层土壤水分起伏度较小，即坡度对浅层土壤水具有显著性影响，与上述分析一致。

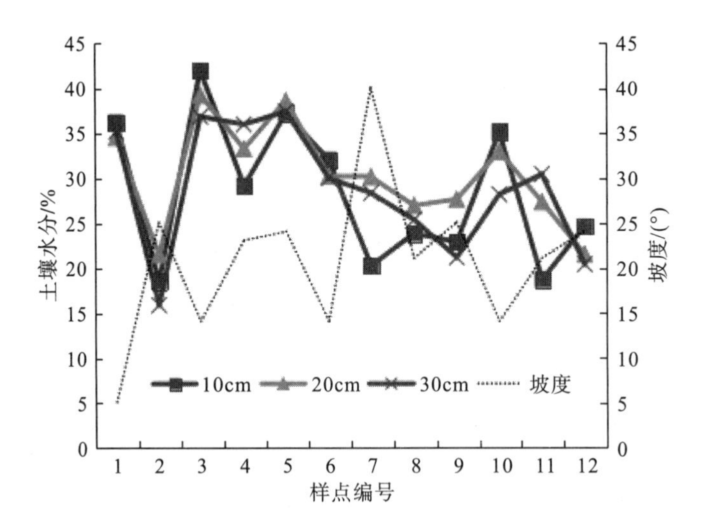

图 5-17 西北样带土壤水分沿坡面分布图(12 月 9 日)

5.4.4 坡位对土壤水分的影响

可以看出，各样带坡面土壤水分随坡位变化的规律并不完全一致(图 5-18)。土壤水分沿坡位变化的分布规律大致表现为下坡位最高，中坡位次之，上坡位最低。正西样带土壤水分含量一直表现为上坡位大于中坡位现象。有些样带也出现了中坡位土壤水分较高的情况。坡位对土壤水分的影响主要是因为土壤水分的侧向流动导致土壤水分的流失或补充，从而对土壤水分的空间分布格局产生影响。通常情况下，受地势的影响，样带坡面上土壤水分会发生侧向流动，土壤水分沿着整个坡面流动。因上坡位地势高，土壤水分受重力作用沿整个坡面从上坡位流向下坡位，因上坡位土壤水分流失较快，使得上坡位土壤水分最低。对于中坡位

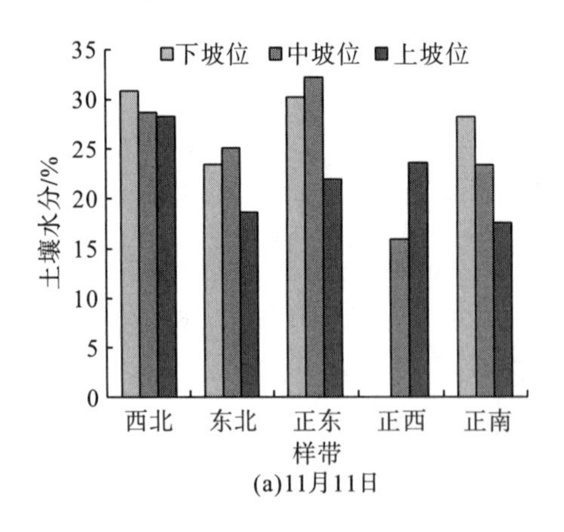

(a)11月11日

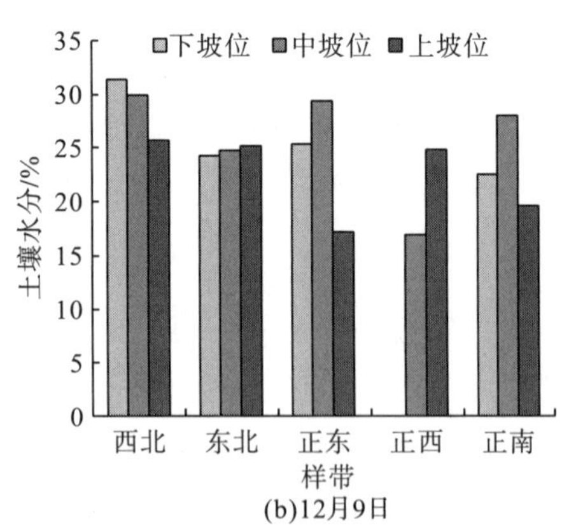

(b)12月9日

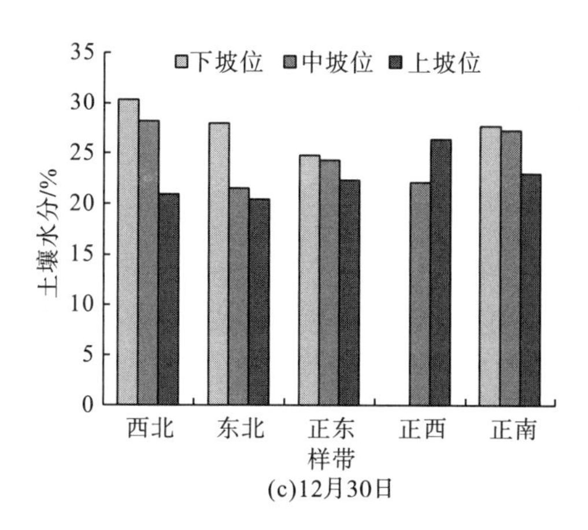

图 5-18　各样带土壤水分在不同坡位的分布情况

而言，在接收到来自上坡位土壤水分的同时，土壤水分也会流动到下坡位。下坡位地势较平坦，有效地减少了土壤水分的侧向运动，同时能接收来自上坡位和中坡位的土壤水分，所以下坡位的土壤水分是最高的。

一般情况下，降水在接触地面后通过地表径流和壤中流，受重力作用向下坡位流动，下坡位的土壤水分大于上坡位，但受到植被的影响，这种规律会被破坏。在本书研究中，东北、正南、正东样带均出现了土壤水分值中坡位>下坡位>上坡位的情况，可能是因为中坡位植被为密集的灌草丛，植被类型丰富，植被覆盖度较大，植被涵养水源的能力较强，透光性差等因素使得土壤水分相对较高。正西样带土壤水分值低，土层薄，质地疏松，植被覆盖状况单一且覆盖度低。土壤水分在相应位置被植被吸收利用及发生下渗，很少发生侧向运动，所以其上坡位的土壤水分值较中坡位的大，可知该样带土壤水分的空间分布可能受降雨的影响更大。通过以上的分析得知，坡位对土壤水分值的影响主要发生在地形较复杂、植被分布较为均质且覆盖度低的坡面上。坡位对土壤水分的空间异质性影响只能发生在坡面这样一个小尺度上。坡位对土壤水分空间分布的影响中包含植被、海拔、坡度、岩石分布状况等因子的共同作用，而不是孤立地起作用。

不同土壤层次的土壤水分在坡面上的分布格局呈现较不一致的特征。三次采样西北和东北样带中其土壤水分分布规律几乎都表现为下坡位>中坡位>上坡位。正东和正南样带土壤水分随坡位的变化规律有差异，但总体上各土层土壤水分在中坡位取得最大值。因中坡位植被为灌木林，植被盖度大，有效减少了土壤水分的损耗。正西样带各土层土壤水分为上坡位>中坡位，主要是因为在该样带中坡位土层浅，植被稀疏，其土壤持水性能极差导致土壤水分值小。而上坡位分布有较密集的荒草，植被对土壤水的拦蓄作用有效防止土壤水的散失，使得上坡位土壤水分值较大，而中坡位最小。可见坡位对于土壤水分值的影响主要表现为植被的影响，灌木林、低矮灌丛、荒草地对土壤水分值的影响依次减小。由于喀斯特地区土质疏松，含蓄水分能力弱，植物难以获取足够水分供其生长所需，使得当地生态环境十分脆弱。

由以上的分析可以得知，在样带坡面上土壤水分空间分布随坡位的变化规律呈现多种类型，不同样带不同土壤层次土壤水分值随坡位变化的分布规律也呈现多样化的特征。从图 5-19 中可以看出，随坡位的变化，中间层和深层土壤水分变幅较大，而在表层土壤水分随坡位的变化无明显的变幅，说明坡位对表层土壤水分值无显著影响而对中间层和深层的土壤水分值影响较大。原因可能是随坡位的变化，植被类型发生变化，10～30cm 这个土层分布着较多的根系，导致这个深度的土壤水分受蒸腾作用的影响较大。

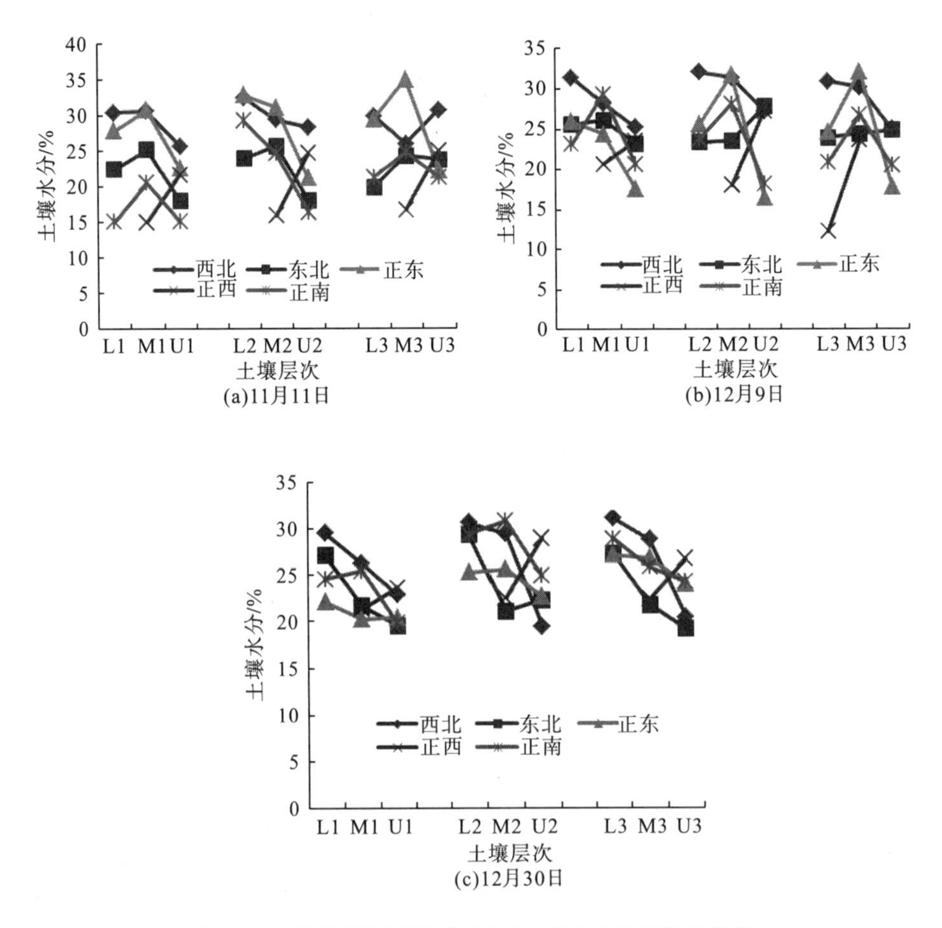

图 5-19 各样带坡面不同层次的土壤水分随坡位的变化

注：L1 指下坡位第一个土壤层次，L2、L3 依次类推；M1 指中坡位第一个土壤层次(0～10cm)，M2、M3 依次类推；U1 指上坡位第一个土壤层次，U2、U3 依次类推

5.4.5　坡向对土壤水分的影响

通过研究区 DEM 数据进行坡向的提取，0° 选为正北方向。沿顺时针进行角度转动的同时，根据分析模块的常规分类方法，本书将坡向划分为 9 种类型，即平缓坡(-1)、北坡(0°～22.5°，337.5°～360°)、东北坡(22.5°～67.5°)、东坡(67.5°～112.5°)、东南坡(112.5°～157.5°)、南坡(157.5°～202.5°)、西南坡(202.5°～247.5°)、西坡(247.5°～292.5°)、西北坡(292.5°～337.5°)。根据样点所在坡向的栅格值确定样点所在的坡向得到坡向与土壤水分的对应关系图 5-20，三次采样各土壤层次土壤水分值和样点的平均土壤水分变化规律一致且呈现较为剧烈的波动变化。11 月 11 日采样平均土壤水分值在南坡达到最大值，各土层土壤水分表现为深层>中间呈>表层，平均土壤水分随坡向的变化由大到小依次为南坡、北坡、东坡、西南坡、东北坡、西坡、西北坡。各土壤层次土壤水分随坡位的变化表现为东北坡、东坡两个坡向的土壤水分值为中间层>深层>表层，西坡为深层>中间层>表层，西南坡、南坡和西北坡由表层到深层逐渐增大，北坡为中间层最大，表层次之，深层最小。12 月 9 日采样各层次土壤水分和平均土壤水分值随坡向变化趋势高度一致且不同坡向相同土壤层次和平均土壤水分差值很小，土壤水分在北坡达到最大值，在南坡为最小值，随坡向的变化由大到小依次为北坡、西北坡、东北坡、西南坡、西坡、东坡、西北坡、南坡。第三次采样在北坡土壤水分值最大，西北坡和东坡各坡向土壤水分由表层到深层逐渐增大，西坡、西南坡、东北坡、南坡四个坡向土壤水分表现为中间层最大，深层次之，表层最小，北坡表现为深层最大，表层次之，中间层最小。

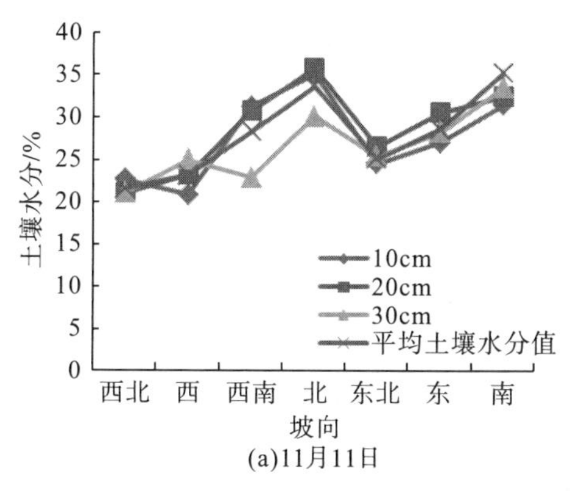

(a)11月11日

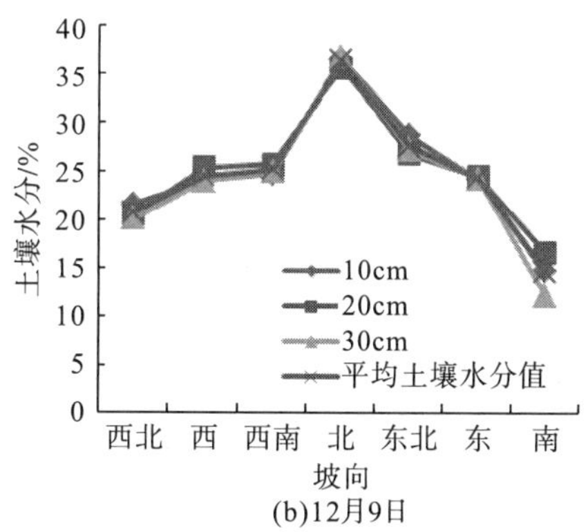

(b)12月9日

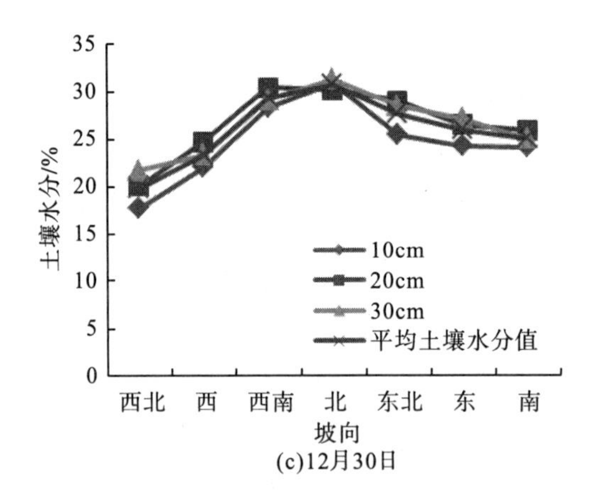

图 5-20　土壤水分随坡向的变化曲线

综合以上的分析可知，北坡的土壤水分值在三次采样中均较高，南坡的土壤水分值较低，北坡的土壤水分值较高。此外，相同坡向不同土壤层次的土壤水分差值较小，说明坡向对不同土壤层次的土壤水分并没有显著性的影响。

5.5　小　　结

总体上，土壤湿度的平均值、最大值、极差、标准差与植被覆盖度呈负相关关系。雨强较小时，不同植被覆盖度条件下的土壤湿度均无明显变化，雨强较大时，土壤湿度的变化速度以及上升速度、下降速度均与植被覆盖度呈负相关关系，说明土壤湿度对降雨的响应速度与植被覆盖度呈负相关关系。当植被覆盖度较高时，土壤湿度峰值出现时间较晚。土壤湿度对降雨响应的滞后效应与植被覆盖度呈正相关关系。

草地植被土壤湿度平均值最高，时间变异为弱变异。裸地平均土壤湿度居中，灌木林地、乔木林地平均土壤湿度较低，时间变异为中等变异。四种植被覆盖类型条件下，不同土壤深度的土壤湿度均为15cm＜20cm，土壤湿度变异系数为15cm＞20cm。裸地、草地、乔木林地的土壤湿度季节差异均为雨季＞旱季。灌木林地土壤湿度季节差异为旱季＞雨季，且雨季土壤湿度低于裸地、草地、乔木林地。乔木林地与灌木林地土壤湿度随降雨量增加比较明显，裸地与草地土壤湿度随降雨增加的幅度相对较小。

本章通过对喀斯特代表性峰丛山体土壤水分空间变异与地形因子的相关分析，发现土壤水分受降雨、地形、植被、土壤质地等多种因素的影响。坡度与土壤水分呈显著负相关关系主要发生在土壤表层，深层的土壤水分空间结构因受到多种影响因素的作用从而减弱了坡度的作用，同时使得深层土壤的空间分布规律更为复杂。土壤水分在坡面上发生侧向流动，使得土壤水分随坡位的变化主要表现为下坡位>中坡位>上坡位。坡位对中间层和深层的土壤水分影响较大，对表层土壤水分无显著影响。土壤水分随坡向的变化主要表现为在北坡较高、南坡较低，相同坡向不同土壤层次的土壤水分差值较小，即坡向对不同土壤层次的土壤水分并没有显著性的影响。

第6章　不同枯落物和表层土壤组合状况的径流效应

枯落物层通过截持穿透雨、调节土壤蒸发、改变渗透性和地表粗糙程度等方式，对坡面水文过程产生显著影响。这些过程的持续进行，对坡面水文过程既有短期影响，也有长期效应。除枯落物层，表层土壤的状况对坡面水文过程同样有显著影响。表层土壤状况通过影响土壤蒸发、下渗等方式作用于坡面水文过程。而且超渗产流、蓄满产流、回归流等产流过程都受到表层土壤状况的明显影响。因此，作为水文过程中重要的因素，地表径流的产生和变化都受到枯落物和表层土壤状况的明显影响。

6.1　研究区概况

研究区设于贵阳市花溪区，地理位置为106°27′～106°52′E、26°11′～26°34′N，平均海拔为1204.9m。研究区地处乌江与珠江分水岭，该区域地表景观破碎，以山地和丘陵为主。研究区内土壤主要为石灰土和酸性黄壤，石灰岩、白云岩、砂岩、页岩等交错分布。研究区位于中亚热带季风湿润区，全年平均气温为14.9℃，活动积温为4504.7～4978.1℃，无霜期长，年极端最高气温为35.1℃，年极端最低温度为-7.3℃，年降雨量为1178.3mm，蒸发量为738mm，雨量充沛。原生植被以亚热带常绿阔叶林为主，人类破坏后演替为次生林。

该区域层状地貌明显，主要有贵阳-中曹司向斜盆地和白云-花溪-青岩构成的多级台地及溶丘洼地地貌，峰丛与碟状洼地、漏斗、伏流、溶洞发育。贵阳-中曹司向斜盆地出露地层及岩性较为复杂，既有三叠系的石灰岩、白云岩，又有侏罗系的红色砂岩，此外还有泥质灰岩。贵阳-中曹司向斜盆地红色砂岩出露的区域，发育形成紫色土。由于地质条件复杂，导致该区域在较小的范围内，土壤、植被、地表景观等自然要素都发生了较显著的变化。本书研究在花溪区选择三块典型的喀斯特、非喀斯特和亚喀斯特样地。典型喀斯特样地位于花溪区党武乡附近，岩性为下三叠统大冶组灰岩（26°23′04.66″N、106°37′37.65″E）。非喀斯特样地位于花溪区杨眉村以北（26°23′10″N、106°42′09″E），岩性为侏罗系红色砂岩。亚喀斯特样地位于花溪区桐木岭，岩性为中三叠统花溪组白云岩（26°22′15.85″N、106°40′47″E）（图 6-1、表 6-1）。

图 6-1　样地分布图

注：样地 1 为典型喀斯特样地；样地 2 为亚喀斯特样地；样地 3 为非喀斯特样地

表 6-1　样地特征

样地名称	类型	枯落物厚度/mm	枯落物蓄积量/(t/hm²)	土壤容重/(g/cm³)	坡度/(°)
样地 1	T-L	54.16	30.52	1.515	40°
样地 2	T-H	133.617	40.60	2.098	39°
样地 3	M	68.85	45.26	1.742	37°

注：T-L 代表薄层枯落物与低土壤容重组合，T-H 为厚层枯落物与高土壤容重组合，M 代表枯落物厚度和土壤容重均是居中的情况

6.2　研究方法

6.2.1　样地设置

研究分别在样地 1、样地 2、样地 3 内进行，各设置 60cm×100cm 的临时径流小区 9 个。为保证各径流小区下垫面条件均一，同一样地内的 9 个径流小区尽量

连续分布。使用不锈钢板设置径流小区，该钢板一共有三块，其中两块带有把手的钢板长度为 1m，另有 60cm 长的钢板一块，及 60cm 长的 V 形不锈钢制集流槽 1 块。集流槽一端深度为 5cm，另一端深度为 10cm，较深一端开口作为出水口。设置径流小区时，首先将两块长 1m 的钢板平行楔入土壤，两块钢板间隔 60cm，在两块钢板上坡处插入 60cm 长钢板，并垂直于地面。在土层较厚的情况下插入土中 10cm，如土层中有石头，则插入到保证钢板不会倒下的深度。在两块钢板的下接口处挖一条沟槽，在该沟槽中放入集流槽。为保证有效采集地表径流和泥沙，集流槽上边略低于地面，位于枯落物层下边界，集流槽靠近径流小区一侧楔入土壤中。在集流槽的出水口处挖一个较深的坑，用于放置容器，收集集流槽流出的水。挖沟槽的过程中，首先用较锋利的铲子切出沟槽的边界，以保证径流小区下坡处的土壤结构不被破坏，避免径流渗漏，也可避免土壤松动导致冲刷过多土壤进入水样而使侵蚀量产生误差。在设置好集流槽后，用水冲洗集流槽，清除槽内的浮土。为了确保实验所获取的水样都是地表径流，在 V 形钢板和水样收集容器的上方要用防水布盖好，但是不能覆盖径流小区承雨范围。此外，用防水布将准备试验样地两侧的其他样地盖好，避免其他样地在未开展实验前被雨水淋湿，影响土壤前期含水量(图 6-2)。

图 6-2 各样地类型上设置的径流小区

在样地附近选择适当的位置安放人工降雨装置。该降雨装置是可拆卸的。喷洒系统是由三个带阀门的龙头组成(图 6-3)。其底部是一个三脚架，便于稳定，在三脚架的中间还有一根管道连通龙头，接上水管并通水，整个降雨装置便可以运作。设置、装载完成的试验样地和降雨装置如图 6-3 所示。

喷淋系统　　人工模拟降雨场景

图 6-3　喷淋系统与人工模拟降雨场景

6.2.2　人工降雨实验设置

雨强设置为 30mL/h、75mL/h、120mL/h，每种雨强重复三次，每个样地共设置 9 场人工降雨。降雨历时设置为 30min，喷头开始喷洒即计时，待集流槽出口开始有连续水流时，记录产流时间，同时每隔 3min 采集径流样品。更换容器的时间会损失一部分水样，所以要注意每次更换容器时动作要迅速，尽量减小误差。每次收集的水样要即刻用量筒全部量取并记录读数，再分别用瓶子装好，并在瓶子上标记样地信息、采样时间、水样体积。为确保采集到所有泥沙，将水样转移到采样瓶前，要将其充分摇晃，使沉淀的泥沙也一并转移。实验进行 30min 后关闭喷洒系统，将已得到的水样收集好，一块样地的实验便完成，然后再在与该样地相邻的另一样地继续实验。采集的水样在实验室静置 48h 后，倒去表面的清水，保留 100mL 水样。将水样放置于 105℃的烘箱中烘干，用精度为 0.0001g 的天平称取泥沙重量，并计算每个水样的含沙量(图 6-4)。

图 6-4　水样室内烘干与称重处理

6.3　不同枯落物和表层土壤组合状况的地表径流特征

6.3.1　不同枯落物和表层土壤组合的地表产流变化

雨强对坡面产流的影响主要通过坡面降水量及雨滴溅蚀结皮影响土壤入渗和下垫面对降水的分配。为了解不同喀斯特景观坡面产流效益的差异，本节分析了各样地坡面地表径流量随降雨历时的变化规律。

从图 6-5 中可以看出，样地 2 的径流量在不同雨强时均大于样地 1 和样地 3，三个样地的径流过程相似之处均为先增加到最大值然后达到一个相对稳定状态。当雨强为 30mm/h 时，3 个样地一开始的产流量大致相同，样地 1 在 9min 时径流量达到最大值，样地 2 在 18min 时达到最大值，样地 3 在 24min 时达到最大值，样地 2 在整个降雨过程中波动最大，径流量始终最大，最大值为样地 1 的 1.62 倍、样地 3 的 1.78 倍。当雨强为 75mm/h 时，三个样地的增长趋势一致且平缓稳定，样地 2 径流量最大，样地 3 次之，样地 1 最小。当雨强为 120mm/h 时，降雨初期样地 2 径流量增长最快，且在 18min 时达到最大值，是样地 3 的 1.55 倍、样地 1

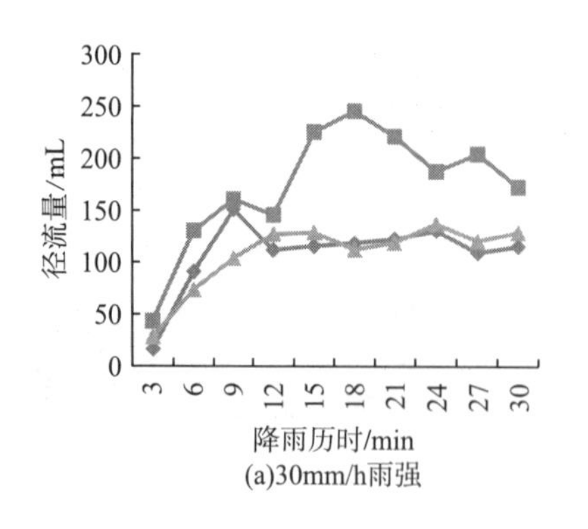

(a)30mm/h雨强

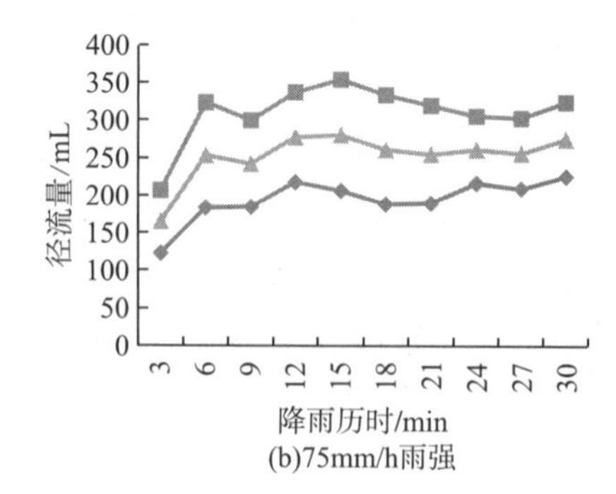

(b)75mm/h雨强

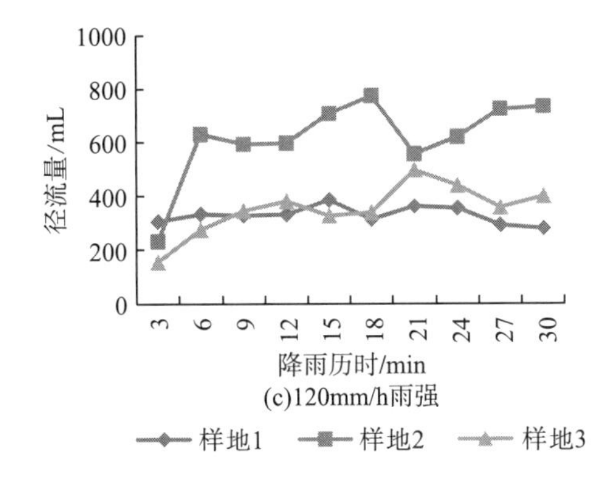

图 6-5　不同枯落物和表层土壤组合下的径流变化

的 1.99 倍，样地 1 与样地 3 径流量增长平稳，差距较小，随着降雨的持续，径流量达到一个峰值，之后呈现相对稳定的状态。结果表明，样地 2 在不同雨强以及不同降雨历时条件下，径流量均为最大值；而样地 1 的径流量最小，且随降雨历时增加，径流增幅不大；样地 3 径流量介于两者之间。

6.3.2　不同雨强条件下的地表产流变化

为了解不同雨强时坡面产流量的影响，本节分析了雨强分别为 30mm/h、75mm/h、120mm/h 时各样地地表径流量的变化(图 6-6)。在样地 1，径流量变化波动小，随着雨强的增大，径流量达到最大值的时间越长。当雨强为 30mm/h 时，降雨开始后 9min 径流量达到最大值 150mL，当雨强为 75mm/h 时，降雨开始后 12min 径流量达到最大值 218.3mL，当雨强为 120mm/h 时，降雨开始后 15min 径流量达到最大值 387mL。雨强为 120mm/h 时的径流量最大值为雨强为 75mm/h 时的 1.77 倍，是雨强为 30mm/h 时的 2.58 倍。在样地 1，大雨强条件下(120mm/h)，降雨初期径流量即可达到较大值[图 6-6(a)]。相比之下，中小雨强(75mm/h、30mm/h)条件下，降水需要持续一段时间，径流量才能达到较大值。在样地 2，雨强为 30mm/h 和 75mm/h 时变化趋势较平稳，雨强为 120mm/h 时波动较大且径流量最大值是 75mm/h 的 2.18 倍，是 30mm/h 的 3.1 倍。样地 2 在大雨强条件下，降雨初期(3min)径流量与中小雨强产生的径流量差别不大，但是持续一段时间后(6min)，即可达到较大值，径流量随降雨历时增加较快[图 6-6(b)]。在样地 3，三个雨强的径流量变化趋势相似，雨强为 120mm/h 时径流量最大值是 75mm/h 的 1.6 倍，是 30mm/h 的 3.6 倍。可以看出，在三种雨强条件下，样地 3 随着雨强的增大，径流量也随之变大，且达到最大值之后呈稳定的波动状态。雨强对样地 3 地表径流的影响仅限于数量上的变化，不同雨强产生的地表径流格局并没有呈现明显差异[图 6-6(c)]。综上所述，不同雨强对地表径流的影响在样地 1、样地 2

表现明显，主要影响体现在大雨强条件下的降雨初期，样地 3 地表径流对不同雨强的响应差异不显著。

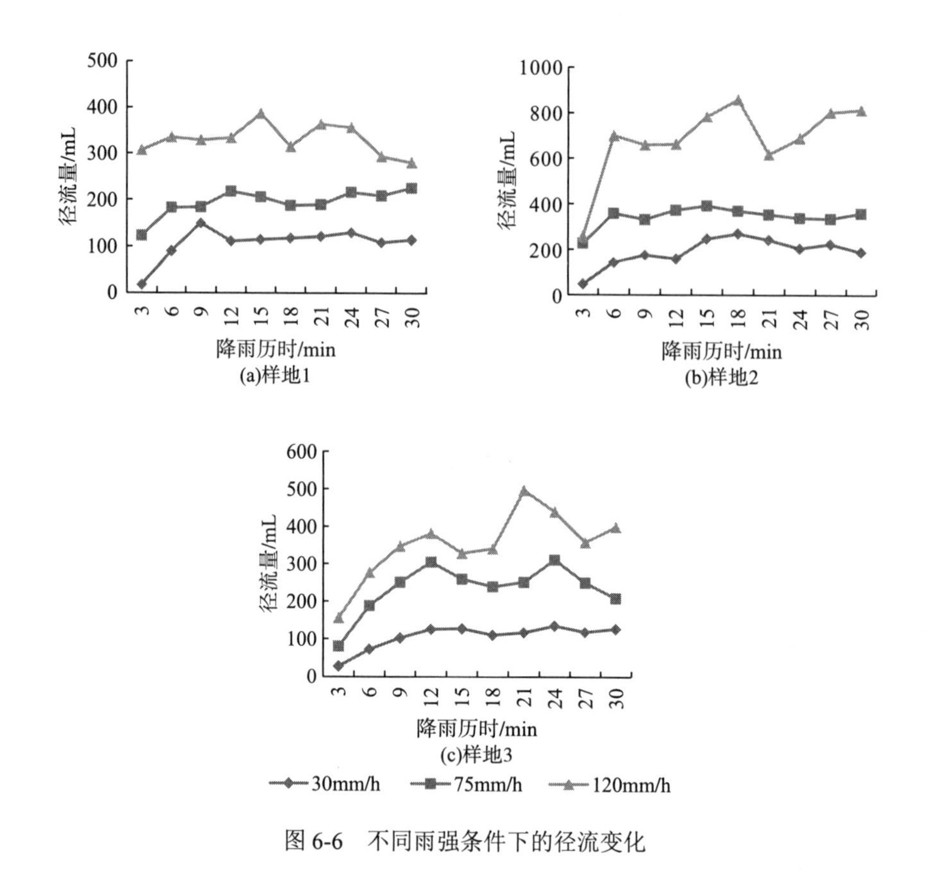

图 6-6 不同雨强条件下的径流变化

6.3.3 不同枯落物和表层土壤组合的地表产流特征

从表 6-2 可知，不同样地产流时间为 1～4min。同一雨强下，样地 2 产流时间最短，120mm/h 雨强情况下，0.90min 即可产流。样地 1 次之，120mm/h 雨强情况下，1.01min 即可产流。在 30mm/h 雨强情况下，样地 1 的产流时间最长，需要 3.27min 才能产流，相同雨强情况下，样地 2 和样地 3 分别为 1.70min、2.37min。随着雨强不断增大，三个样地的产流时间逐渐变短，产流速率逐渐增大。样地 2 产流速率最大，样地 1 产流速率最小。但是在 30mm/h 雨强情况下，样地 2 产流速率标准差略低于样地 1。总体而言，样地 1 径流系数最小，样地 2 径流系数最大，但是在 30mm/h 雨强情况下，样地 3 径流系数略低于样地 1。综上所述，样地 2 的径流系数和产流速率明显大于样地 1 和样地 3，产流时间明显小于样地 1 和样地 3。

表 6-2　不同枯落物和表层土壤组合下的产流特征

统计指标	样地名称	雨强=30mm/h		雨强=75mm/h		雨强=120mm/h	
		平均值	标准差	平均值	标准差	平均值	标准差
产流时间/min	样地 1	3.27	1.31	1.57	0.38	1.01	0.04
	样地 2	1.70	0.58	1.00	0.10	0.90	0.24
	样地 3	2.37	0.55	1.28	0.86	1.51	0.91
产流速率/(mm/h)	样地 1	3.588	1.463	6.489	2.015	10.996	3.221
	样地 2	5.761	1.411	10.367	2.947	20.556	4.298
	样地 3	3.583	2.382	7.836	3.137	11.752	7.351
径流系数	样地 1	0.119	0.039	0.085	0.013	0.093	0.009
	样地 2	0.192	0.065	0.138	0.018	0.167	0.026
	样地 3	0.117	0.037	0.106	0.029	0.096	0.042

6.4　不同枯落物和表层土壤组合状况的侵蚀产沙特征分析

6.4.1　不同枯落物和表层土壤组合的侵蚀产沙变化

30mm/h 雨强条件下，样地 3 含沙量最大，且波动较为明显，样地 2 含沙量最小[图 6-7(a)]。在降雨初期(3min)，样地 3 含沙量较大，但是随降雨历时增加含沙量迅速下降，随降雨历时的增加，含沙量趋于稳定。样地 1 含沙量随降雨历时的变化较为稳定，在降雨初期(3min)含沙量最小，为 0.00083g/mL，在 6min 时含沙量达到最大值，为 0.00216g/mL，随降雨历时继续增加，含沙量趋于稳定。75mm/h 雨强条件下，样地 3 含沙量最大，且波动较为明显[图 6-7(b)]。样地 2 的含沙量最小，其次为样地 1，75mm/h 雨强条件下，两个样地的含沙量较为接近。120mm/h 雨强条件下，样地 3 含沙量波动最大。降雨开始 3min 时含沙量仅为 0.00064g/mL，降雨历时为 6min 时，含沙量达到 0.0075g/mL，约增加了 11.7 倍，降雨历时为 9min 时，含沙量降到 0.00122g/mL，约降低了 83.7%，从第 12min 开始，含沙量趋于稳定[图 6-7(c)]。120mm/h 雨强条件下，样地 1 和样地 2 含沙量均低于样地 3，降雨 3min 时，样地 2 含沙量约为样地 1 的 2 倍；降雨 6min 时，两种样地含沙量较为接近；降雨 9min 时，样地 1 含沙量开始大于样地 2，并持续到降雨结束。

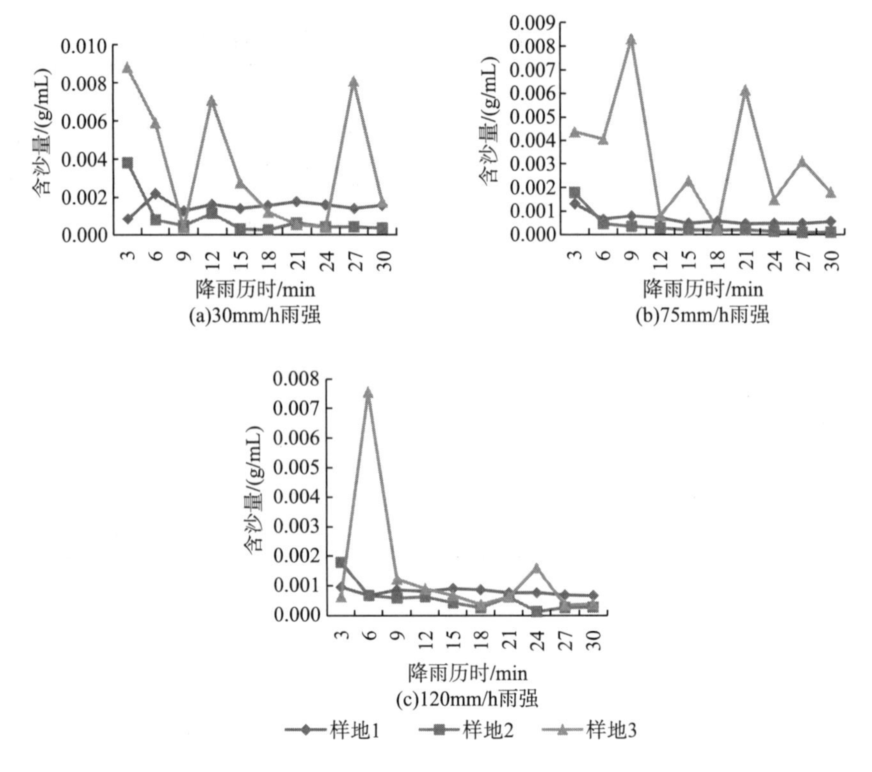

图 6-7 不同枯落物和表层土壤组合下的侵蚀产沙变化

综合分析图 6-7 可知，三种雨强条件下，样地 3 的含沙量均为最大值，波动最大，且最大值在 0.008g/mL 左右波动，而样地 1 与样地 2 随降雨历时的变化趋势在雨强为 30mm/h 时相对平稳，且样地 1 的产沙率大于样地 2。此规律在其他雨强条件下也基本一致，最终相对稳定。样地 2 含沙量较小的原因在于，表层土壤主要为地带性黄壤，含黏粒较高，土壤颗粒抗冲刷能力相对较强。样地 1 含沙量高于样地 2 的原因在于，样地 1 土壤为石灰土，表层有机质含量较高，团粒状或核粒状结构较发达，土壤较为松散，抗冲刷能力较弱。样地 3 含沙量波动较大的原因在于，该类型区土壤属性介于样地 1 和样地 2 之间，土壤既不会过于黏重，也不会过于松散。径流首先选择搬运细颗粒，可被径流带走的细颗粒土壤会随着降雨时间的延长变得越来越少，到后期主要因雨滴剥离分散土壤大团聚体，在土壤大团聚体被剥离开的瞬间会有相对较多的泥沙随径流流失，也是图中数据线有波动的主要原因。

6.4.2 不同雨强条件下的侵蚀产沙变化

由图 6-8(a)和图 6-8(b)可知，在样地 1 与样地 2，雨强为 30mm/h 时含沙率最大，雨强为 120mm/h 时次之，雨强为 75mm/h 时最小。由图 6-8(c)可知，样地

2 三个雨强下的含沙率变化波动均较大，雨强为 30mm/h 时波动范围最大，75mm/h 时次之，雨强为 120mm/h 时波动范围最小。

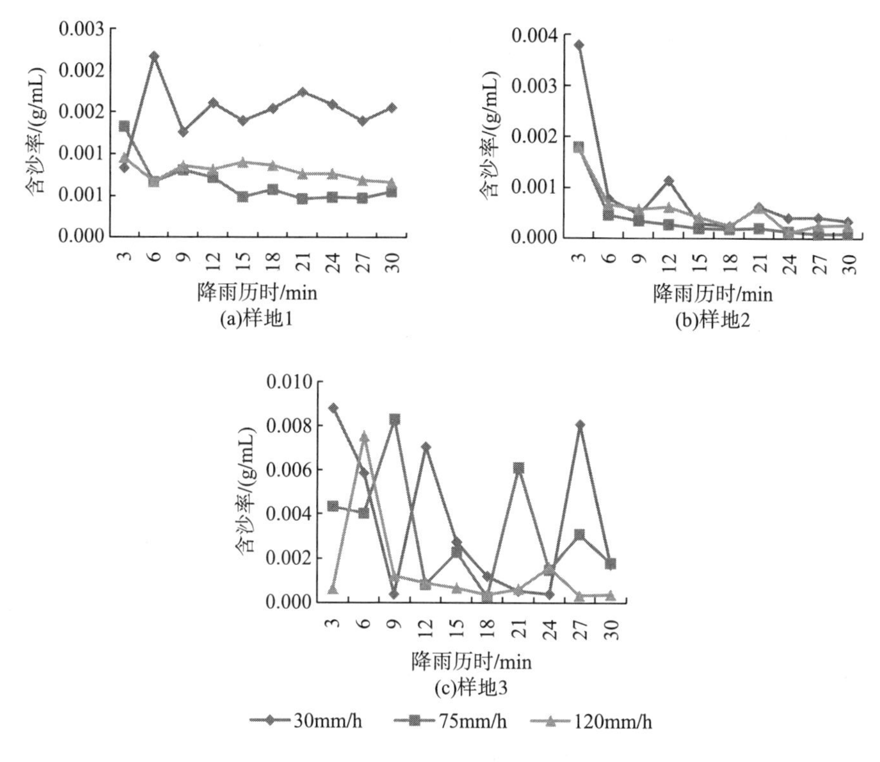

图 6-8　不同雨强条件下的侵蚀产沙变化

在三种雨强条件下，不同样地坡面产沙量随径流过程表现出差异性，原因主要有两个方面。首先，在产流初期，坡面表层较为松散，土壤抗蚀能力较小，径流比较容易对其进行搬运和侵蚀。在 120mm/h 雨强条件下，降雨动能对土壤团聚体的击溅能力显著增加，在降雨初期即将可冲刷的土壤颗粒带走，后期可供冲刷的物质已经较少。其次，在小雨强(30mm/h)条件下，坡面可供侵蚀的土壤颗粒会被地表径流缓慢带走，虽然产生的地表径流较小，但是降雨全过程中径流均会携带一定量的土壤颗粒，因此小雨强条件下含沙量较高。在各雨强条件下，含沙量均随降雨时间逐渐减小的原因在于：随着降雨过程的进行，一方面，松散的土壤表层颗粒逐渐减少，加上土壤结皮，在一定程度上阻碍了土壤颗粒随径流流失的速度，径流在坡面流动中粒径和质量相对较大的土壤颗粒出现沉积，导致后期输沙率出现下降，泥沙迁移量逐渐减少。降雨对坡面侵蚀作用逐渐从溅蚀转为薄层水流冲刷，由于水流冲刷可以对坡面土壤颗粒产生迁移和沉积作用，正是由于对泥沙颗粒的再分配，减小了泥沙输出坡面的机会。同时，溅蚀作用破坏了表层土壤颗粒结构，造成了土壤结皮，阻碍坡面土壤侵蚀强度继续增大，因而径流含沙量逐渐降低。

6.4.3 不同枯落物和表层土壤组合的土壤侵蚀特征

从表 6-3 可知，总体而言，除样地 2 外，侵蚀模数随雨强的增大而增大。样地 3 的这一特征更为明显，120mm/h 雨强条件下，侵蚀模数是 30mm/h 雨强条件下的 3 倍左右。样地 2 侵蚀模数随雨强变化的规律不明显，雨强为 75mm/h 时侵蚀模数最大，但雨强为 120mm/h 时侵蚀模数小于雨强为 75mm/h 时的侵蚀模数。样地 1 雨强为 75mm/h 时侵蚀模数最小，小于雨强为 30mm/h 时的侵蚀模数，约为雨强为 120mm/h 时的 0.5。

表 6-3 不同枯落物和表层土壤组合下的土壤侵蚀响应

统计指标	样地名称	雨强=30mm/h		雨强=75mm/h		雨强=120mm/h	
		平均值	标准差	平均值	标准差	平均值	标准差
侵蚀模数 /($g \cdot s^{-1} \cdot m^{-2}$)	样地 1	0.00154	0.00001	0.00112	0.00001	0.00243	0.000003
	样地 2	0.00316	0.000102	0.00674	0.000075	0.00424	0.000066
	样地 3	0.00092	0.000032	0.00095	0.000015	0.00263	0.000014
		方差=0.00		方差=0.000033		方差=0.000028	

6.5 枯落物生态水文特征分析

6.5.1 不同样地森林枯落物最大持水量

枯落物持水性能受树种构成、枯落物构成与分解特征的影响。从表 6-4 可知，不同森林枯落物持水能力有所不同，最大持水量表现为样地 2 (46.26t/hm^2) >样地 1 (44.09t/hm^2) >样地 3 (22.88t/hm^2)。不同样地的半分解层枯落物最大持水量均大于未分解层，其中样地 1 半分解层最大，为 35.70t/hm^2，其次是样地 2 半分解层，为 31.93t/hm^2，样地 1 未分解层的最大持水量最小，仅为 8.39t/hm^2。不同样地枯落物未分解层的最大持水率均大于半分解层，与最大持水量的变化规律相反。未分解层表现为样地 2 (224.89%)>样地 3 (199.17%)>样地 1 (178.00%)，半分解层表现为样地 2 (157.62%)>样地 1 (127.37%)>样地 3 (86.78%)。最大持水率平均值表现为样地 2 (191.26%)>样地 1 (152.69%)>样地 3 (142.98%)。实验数据表明，样地 1 与样地 2 枯落物的持水能力大于样地 3。

表 6-4 不同林型枯落物持水状况

景观类型	最大持水量(t/hm^2)			最大持水率(%)		
	未分解层	半分解层	总和	未分解层	半分解层	平均
样地 1	8.39	35.70	44.09	178.00	127.37	152.69
样地 2	14.33	31.93	46.26	224.89	157.62	191.26
样地 3	10.15	12.73	22.88	199.17	86.78	142.98

6.5.2 不同样地森林枯落物持水过程

森林枯落物持水过程可用各层枯落物各时段持水量变化规律和吸水速率变化趋势进行模拟。不同样地森林枯落物在浸水的 24h 内，未分解层的持水量整体上呈现样地 2>样地 3>样地 1 的趋势[图 6-9(a)]，而半分解层持水量在整个吸水

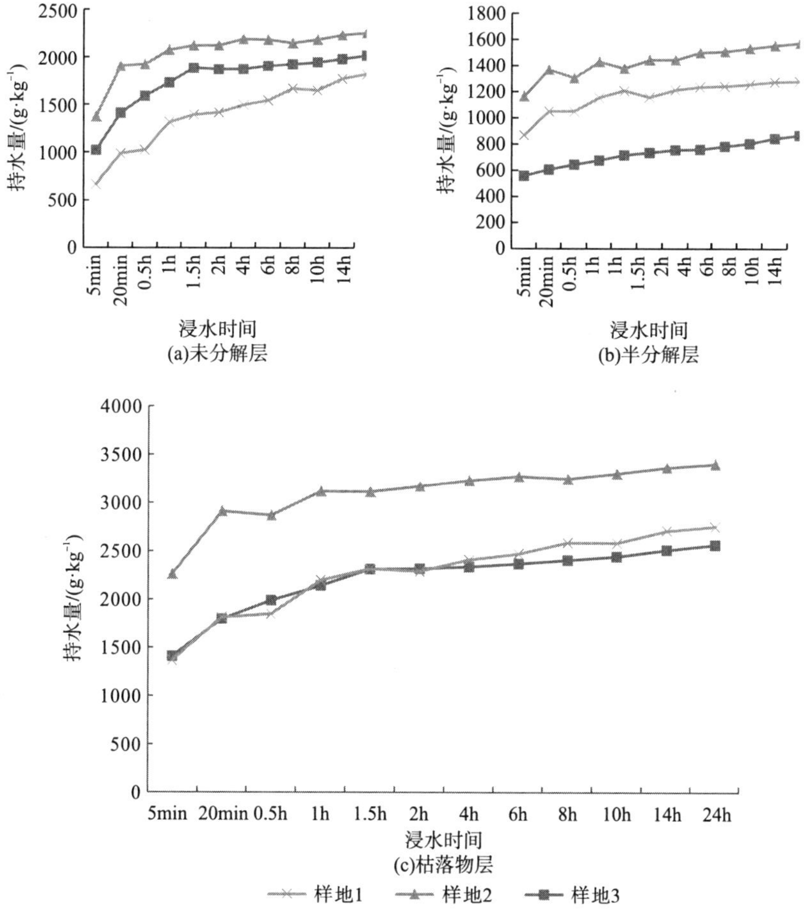

持水量/(g·kg^{-1})
2500 2000 1500 1000 500 0
5min 20min 0.5h 1h 1.5h 2h 4h 6h 8h 10h 14h
浸水时间
(a)未分解层

持水量/(g·kg^{-1})
1800 1600 1400 1200 1000 800 600 400 200 0
5min 20min 0.5h 1h 1h 1.5h 2h 4h 6h 8h 10h 14h
浸水时间
(b)半分解层

持水量/(g·kg^{-1})
4000 3500 3000 2500 2000 1500 1000 500 0
5min 20min 0.5h 1h 1.5h 2h 4h 6h 8h 10h 14h 24h
浸水时间
(c)枯落物层

样地1 样地2 样地3

图 6-9 不同地表景观区森林枯落物持水状况

过程中均表现为样地 2＞样地 1＞样地 3［图 6-9(b)］。3 种样地各层枯落物持水量与浸水时间表现为正相关关系，0.5h 内，各层枯落物持水量迅速增加，0.5h 之后，持水量仍然保持增加趋势，但增加幅度减小［图 6-9(c)］。未分解层持水量浸水 10h 后达饱和［图 6-9(a)］；半分解层持水量在浸水 8h 后基本饱和［图 6-9(b)］，说明样地 1 半分解层比未分解层表现出更好的持水性，前 2h 持水性更强。由图 6-9(c)可看出，样地 2 枯落物持水量在各时间段均远大于样地 1 和样地 3。而样地 1 和样地 3 枯落物在各时间段的持水量趋于一致，后期样地 1 略高于样地 3。此结果与表 6-5 中最大持水量的分析结果大体一致，说明样地 3 林下枯落物表现出较强的持水能力。

表 6-5　枯落物持水量、吸水速率与浸水时间的关系

分解层类型	森林类型	持水量与浸水时间		吸水速率与浸水时间	
		关系式	R^2	关系式	R^2
未分解层	样地 1	y=454.5ln t+638.2	0.9794	y=17052$t^{-1.764}$	0.9159
	样地 2	y=296.92ln t+1561.4	0.8656	y=40531$t^{-1.992}$	0.9205
	样地 3	y=372.56ln t+1140	0.9407	y=29072$t^{-1.906}$	0.9135
半分解层	样地 1	y=156.62ln t+904.06	0.9493	y=24326$t^{-2.02}$	0.9313
	样地 2	y=147.06ln t+1188.4	0.9055	y=31444$t^{-2.046}$	0.9369
	样地 3	y=121.48ln t+526.33	0.9532	y=13943$t^{-1.981}$	0.9403

3 个样地各层枯落物持水量与浸水时间的关系，经回归拟合后，其相关系数(R^2)除样地 2 未分解层为 0.8656，其他的均在 0.90 以上，说明不同样地的持水量与浸泡时间有很好的相关性(表 6-5)，拟合方程为

$$Q=a\ln t+b \tag{6-1}$$

式中，Q 为枯落物持水量；t 为浸水时间；a 为回归系数；b 为常数项。

6.5.3　不同样地森林枯落物吸水速率

图 6-10 表明，不同样地各层枯落物吸水速率与浸水时间存在一定规律：无论是未分解层还是半分解层枯落物，在浸水初期，吸水速率均很大［图 6-10(a)、图 6-10(b)］。枯落物浸水前 0.5h，各分解层立即吸水；0.5～2h，吸水速率减小；2h 后，吸水速率变化不大；24h 时，吸水速率接近 $0g\cdot kg^{-1}\cdot h^{-1}$。由图 6-10 还可看出，各样地枯落物开始浸水时，吸水速率差距较远，2h 后吸水速率差距减小。浸水前 2h，样地 2 和样地 3 吸水速率为未分解层＞半分解层，样地 1 吸水速率为半分解层＞未分解层，这可能与各层枯落物的量有关。未分解层吸水速率大致呈现

样地 2＞样地 3＞样地 1 的趋势[图 6-10(a)]，半分解层呈现样地 2＞样地 1＞样地 3 的趋势[图 6-10(b)]。

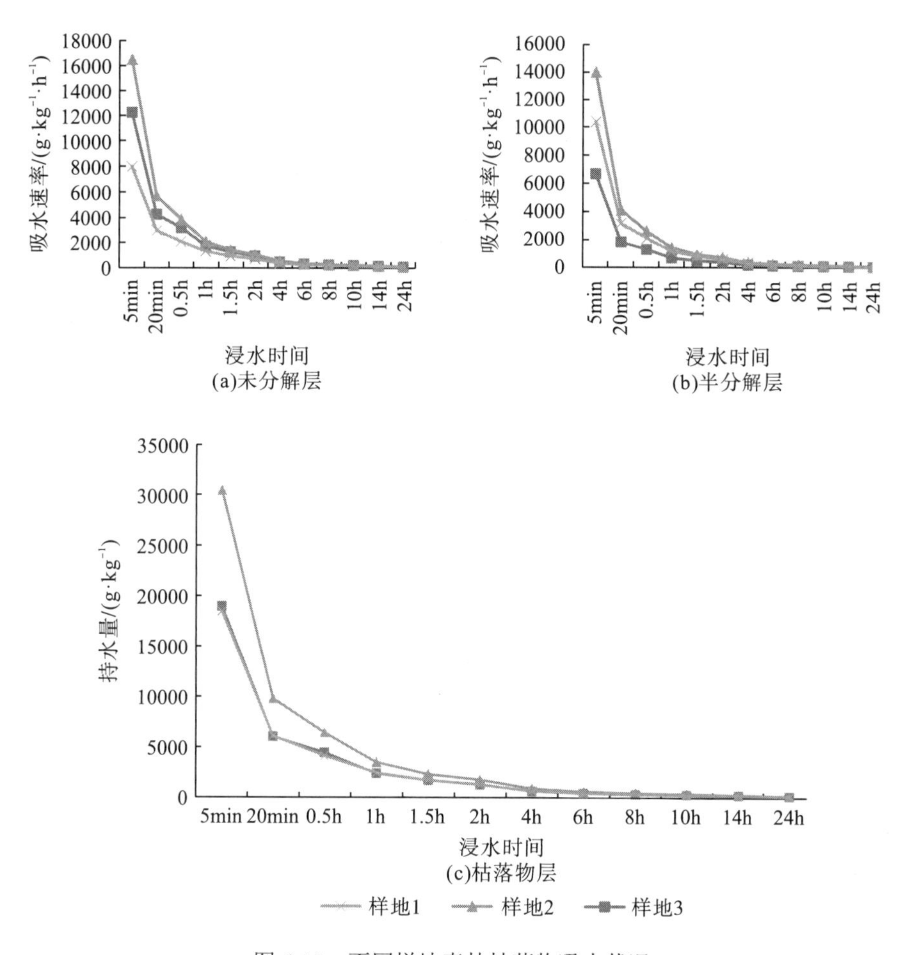

图 6-10　不同样地森林枯落物吸水状况

对 3 种林型各层枯落物吸水速率与浸水时间的关系进析拟合，相关系数(R^2)均在 0.91 以上，拟合较好，拟合方程为

$$V=kt^n \tag{6-2}$$

式中，V 表示吸水速率；t 表示浸水时间；k 为回归系数；n 为指数(表 6-5)。

6.5.4　不同样地森林枯落物的有效拦蓄量

通常用枯落物有效拦蓄量来估算枯落物对一次降水实际拦蓄降雨的量。实验结果表明，不同样地森林枯落物各分解层的拦蓄能力不同(表 6-6)。各层枯落物有效拦蓄率变化趋势不同，未分解层有效拦蓄率变化为样地 2(141.42%)＞样地 3(131.71%)＞样地 1(116.67%)，半分解层变化趋势为样地 2(87.16%)＞样地 1(61.70%)＞样地 3(30.18%)。半分解层枯落物有效拦蓄量从大到小排序为样地 2($17.62t/hm^2$)＞样地 1($17.27t/hm^2$)＞样地 3($4.42t/hm^2$)，未分解层有效拦蓄量表现为样地 2($9.00t/hm^2$)＞样地 3($6.73t/hm^2$)＞样地 1($5.81t/hm^2$)。综合分析可知，样地 2 有效拦蓄能力最强，样地 3 有效拦蓄能力最弱。

表 6-6　不同样地森林枯落物拦蓄能力

枯落物层	景观类型	自然含水率/%	最大拦蓄率/%	最大拦蓄量/(t/hm^2)	有效拦蓄率/%	有效拦蓄量/(t/hm^2)	有效拦蓄深/mm
未分解层	样地 1	34.62	143.37	7.14	116.67	5.81	0.58
	样地 2	49.74	175.15	11.14	141.42	9.00	0.90
	样地 3	37.59	161.58	8.26	131.71	6.73	0.67
半分解层	样地 1	46.56	80.81	22.62	61.70	17.27	1.73
	样地 2	46.82	110.80	22.40	87.16	17.62	1.76
	样地 3	43.59	43.19	6.33	30.18	4.42	0.44

6.6 小　　结

本章通过各样地在地表径流、侵蚀产沙、枯落物持水性等方面进行对比，分析了不同枯落物和表层土壤组合状况的水文效应。

总体而言，样地 3 地表径流产流能力介于样地 1 和样地 2 之间。样地 2 在不同雨强以及不同降雨历时条件下，径流量均为最大值；而样地 1 的径流量最小，且随降雨历时增加，径流增幅不大。不同雨强对地表径流的影响在样地 1 和样地 2 表现明显，主要影响体现在大雨强条件下的降雨初期，样地 3 地表径流对不同雨强的响应差异不显著。

与样地 1 和样地 2 相比，样地 3 较容易遭受土壤侵蚀。三种雨强条件下，样地 3 的含沙量均处于最大值，波动最大，而样地 1 和样地 2 随降雨历时的变化趋势在小雨强条件下相对平稳。

对不同样地森林枯落物层生态水文功能的研究表明，枯落物半分解层枯落物持水性能比未分解层强，尤其是样地 1 半分解层水文效应显著。样地 2 枯落物层的持水性能比样地 1 强，样地 3 最弱。

第 7 章　马尾松林及其枯落物的地表径流效应

马尾松林的地表径流效应成为近年研究的热点问题。中国南方喀斯特地区是世界上最大的喀斯特连续带，也是典型的生态脆弱区。目前，对喀斯特地区马尾松林的研究主要集中在对土壤理化性质影响等方面，而对喀斯特地区马尾松林地表径流效应的研究较少。喀斯特地区马尾松林分布面积较广，其枯落物层对石漠化治理和植被恢复涉及的水文效应具有明显影响，因此研究喀斯特地区马尾松林枯落物的地表径流特征具有重要意义。

7.1　研 究 方 法

7.1.1　径流小区设置

在贵阳市花溪区选择乔木层全部为马尾松的区域作为样地，面积为10m×10m。样地内马尾松最大树龄为40年，最小树龄为7年，平均年龄为25年，平均树高为16m，郁闭度为0.87。共设置3个面积为50cm×100cm的临时径流小区，3个径流小区距离尽量靠近，目的在于使径流小区下垫面条件均一，以减少误差的产生。径流小区的材料包括两块带有把手的长度为1m的钢板、一块长为50cm的钢板，钢板宽度均为20cm。另有一块50cm长的V形不锈钢制集流槽，集流槽一端深度为5cm，另一端深度为10cm，将10cm深的一端作为出水口。径流小区坡度及土壤特征如表7-1所示。

表 7-1　径流小区坡度及土壤特征

径流小区编号	坡度/(°)	采样深度/cm	容重/(g/cm^3)	土壤孔隙度/%
R1	15	0～5cm	0.6301	76.22
		5～10cm	0.8033	69.69
R2	20	0～5cm	0.5773	78.22
		5～10cm	0.7123	73.12
R3	25	0～5cm	0.701	73.55
		5～10cm	0.9747	63.22

7.1.2 野外人工降雨实验设置

本书采用便携式人工模拟降雨装置开展实验。该装置在实验前已经过检验，雨滴模拟效果良好，能较好地模拟自然降雨。人工降雨装置安装在径流小区旁地势平坦且无其他植物影响喷洒过程进行的位置。为使雨滴速度接近天然降雨，喷头固定在距地面 2.3m 处。在雨滴到达地面时开始计时，记录下地表径流开始产生的时间。开始产流后每隔 3min 用塑料瓶收集径流，产流后 45min 结束降雨，降雨结束后将收集到的水样过滤、烘干，测出其径流量和泥沙量。在实验中设置 60mm/h、90mm/h 和 120mm/h 三种雨强。为保证所得数据的可靠性，降雨模拟实验选择在无风、无降雨天气进行，并且在人工模拟降雨结束 24h 后再进行下一场实验。

7.1.3 变坡土槽布设

本章根据研究目的和研究内容，结合试验情况布设 3 组长 1m、宽 0.6m 的试验土槽，调整试验土槽坡度并固定为 25°。从林地内采集土壤作为试验用土。填土槽时，先在土槽底部铺设 5cm 厚度的石块。之后采用分层装土的方式，每次填土深度为 5cm，并适当压实。土槽填土深度为 25cm，在试验土槽下端装上集水瓶。将收集到的样地中马尾松树下的枯落物(松针)在自然条件下风干 2 天，然后将半分解层和未分解层枯落物均匀铺设在土壤表层(图 7-1)。

(a) (b) (c)

图 7-1 人工土槽装填(a)、枯落物覆盖(b)及模拟降雨实验(c)

7.1.4 室内人工降雨实验设置

人工模拟降雨装置采用西安清远测控技术公司生产的 QYJY-501 型人工模拟降雨器。由控制器、水泵、雨量计和降雨控制器组成，降雨器高 4m、宽 3m，由两根直立管支撑，三根横管中部和横管两侧各有大、中、小喷头共 18 个，调试降雨设备达到试验要求。

利用土壤湿度测量仪测量前期土壤湿度，进而得到土壤的前期湿度条件。在每次进行重复试验时，应调整土壤湿度和表层松散度相一致，以尽量减小实验误差。通过喷水将集水装置进行润湿，以消除水量残留误差。调整好土槽下端收集瓶的角度，确保水沙能够顺利地流下并被收集。人工降雨试验中，设置雨强及枯落物质量如表 7-2 所示。

表 7-2　实验设置雨强及枯落物质量

降雨强度/(mm/h)	有效降雨场次/次	枯落物质量/(kg/m^2)			
		第 1 次	第 2 次	第 3 次	第 4 次
40	4	0	0.3	0.5	0.7
90	4	0	0.3	0.5	0.7
140	4	0	0.3	0.5	0.7

试验开始时，预先进行 3min 的雨强率定，率定雨强时用塑料薄膜将土槽盖上，正式降雨历时 60min。降雨开始后计时，记录径流产生时间，降雨过程中每隔 10min 采集径流样品，现场测量并记录径流产量。最后将径流样品沉淀后过滤出泥沙，带回实验室烘干(80℃)并称重记录泥沙干重数据。

7.2　马尾松林的地表径流效应

7.2.1　不同雨强下地表径流量变化特征

从图 7-2(a)可以看出，在雨强为 60mm/h 时，三个径流小区的变化趋势相似。从开始产流到 24min 的时间段内，三个径流小区径流量的变化起伏不大。R3 在产流后 24～39min 径流量的变化相比于其他两个径流小区来说稍大，在产流后 39min 达到最大值。从图 7-2(b)可以看出，在雨强为 90mm/h 时，R3 的径流变化远大于 R1 和 R2，最大径流量与最小径流量相差 106ml，是 R1 和 R2 的 4.7 倍和 3.6 倍。而 R1 和 R2 的变化规律基本一致，其中 R2 的变化趋势是 3 个径流小区中最为稳定的。从图 7-2(c)可以看出，当雨强为 120mm/h 时，R3 的变化趋势与在雨强为 90mm/h 时的一致，其变化幅度都远大于 R1 和 R2。当雨强为 90mm/h 时，R1 的径流量从开始产流后经历了短暂的下降，6min 后迅速增加，然后迅速减少，开始产流后的 12min 内的径流量变化趋势总体上比较平稳。R3 的径流量在整个实验过程中均显著高于其他两个径流小区，且随着时间持续，径流量增幅逐渐加大。上述结果表明，喀斯特地区马尾松林下，雨强对地表径流有明显影响。

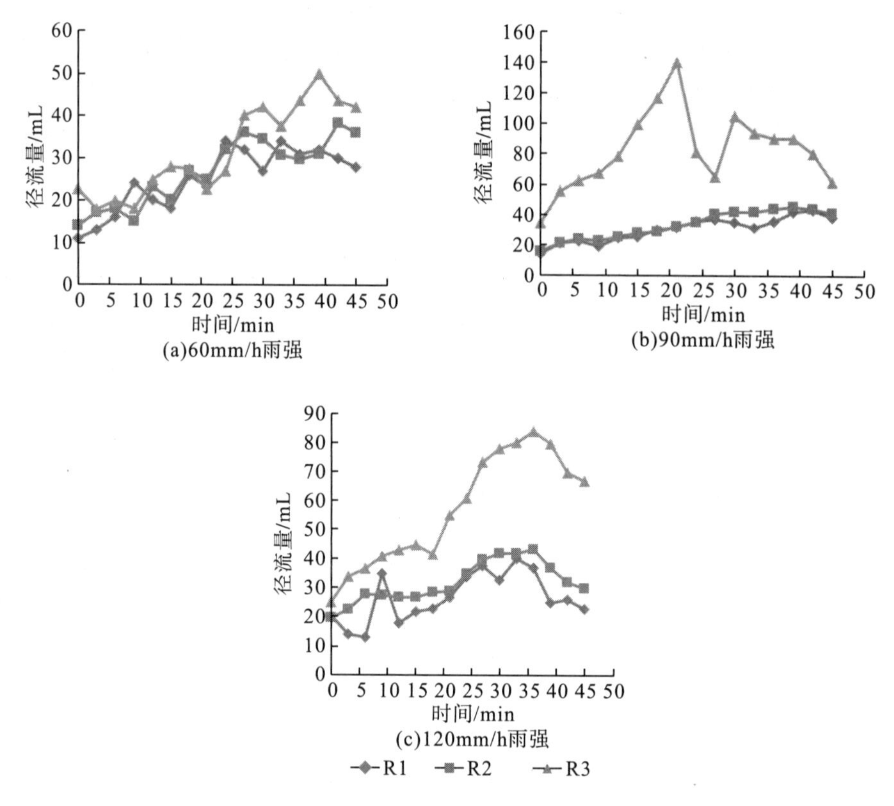

图 7-2 不同雨强下径流量随时间变化过程

7.2.2 不同坡度下地表径流量变化特征

从图 7-3(a)中可以看出，当坡度为 15° 时，在三个不同雨强下径流量的变化明显，当雨强为 120mm/h 时，6～12min，径流量在整个产流时间内的变化是最大的。当坡度为 20° 时，当雨强为 60mm/h 时，径流量随时间的变化波动明显；当雨强为90mm/h 和 120mm/h 时，径流量增长的趋势较为稳定；在产流后 15～36min，两种雨强的径流量一致，但是在后期出现径流量明显下降的情况[图 7-3(b)]。从图 7-3(c)可以看出，当坡度为 25° 时，当雨强为 90mm/h 时的径流量变化比其他两个雨强要大，径流量最大值为 140mL，是雨强为 60mm/h 和 120mm/h 时最大径流量的 2.8 倍和 1.67 倍。当坡度为 15° 时，径流量的变化范围大致为 10～45mL。坡度为 20° 时，径流量的变化范围大致为 15～45mL。坡度为 25° 时，径流量的变化范围大致在 20～100mL。总体而言，喀斯特马尾松林坡度对地表径流量有一定影响，但是陡坡时的径流量增幅显著大于缓坡。说明缓坡的坡度变化对径流量影响不明显。

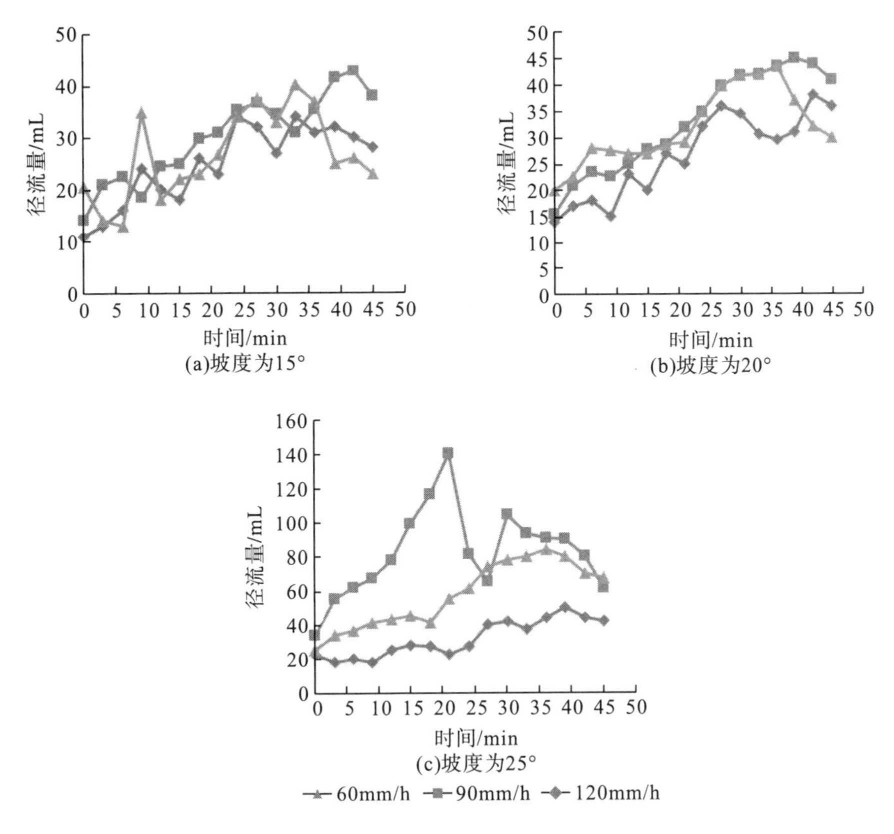

图 7-3　不同坡度下径流量随时间变化过程

7.2.3　不同雨强下累积径流量变化的特征

从图 7-4(a)可看出，在雨强为 60mm/h 时，R1、R2 和 R3 的累积径流量随时间的变化趋势基本一致。其中，R3 在降雨的后期累积径流量增幅略大于 R1 和 R2。从图 7-4(b)看出，在雨强为 90mm/h 时，R1 和 R2 的累积径流量随时间变化差异不大，而 R3 的累积径流量增加幅度大，远大于另外两个径流小区。从产流后的第 10min 开始，R3 的累积径流量就达到 R1 和 R2 的 2 倍以上。并且该差距在后期持续拉大，在 45min 时，R3 的累积径流量约为 R1 和 R2 的 3 倍以上。从图 7-4(c)可看出，在雨强为 120mm/h 时，三个径流小区的累积径流量的变化趋势与雨强为 90mm/h 时的相似，在降雨的后期，R3 的累积径流量显著大于 R1 和 R2。总体而言，雨强较小时，各坡度等级的累积径流量差异不显著。随着雨强增加，坡度对累积径流量的影响变得显著。

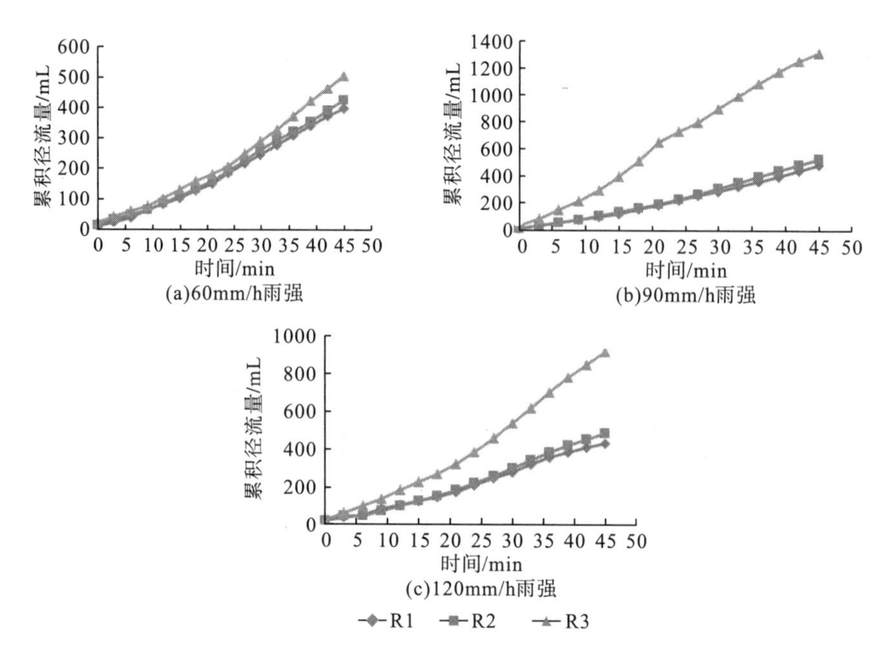

图 7-4　不同雨强下累积径流量随时间变化过程

7.2.4　不同坡度下累积径流量变化的特征

从图 7-5(a)可以看出，当坡度为 15° 时，在三个雨强下累积径流量的变化趋势一致，彼此间差距不大，大致均呈直线上升的趋势。从图 7-5(b)可知，当坡度为 20° 时，不同雨强的累积径流量有一定差异。在雨强 60mm/h 时，累积径流量在不同时间均小于其他两个雨强时的累积径流量。而雨强为 90mm/h 和 120mm/h 时的累积径流量变化特征及数量值均基本一致。随着坡度的增加，不同雨强间的累积径流量差异被扩大得更明显，三种雨强情况下的累积径流量差异随降雨进行而持续扩大[图 7-5(c)]。其中，90mm/h 雨强下从产流开始其累积径流量就逐渐大于其他两种雨强，这一差距的扩大趋势直到 20min 后逐渐停止。综上所述，坡度对累积径流量的影响并非线性关系，而是坡度较陡时影响程度更大。

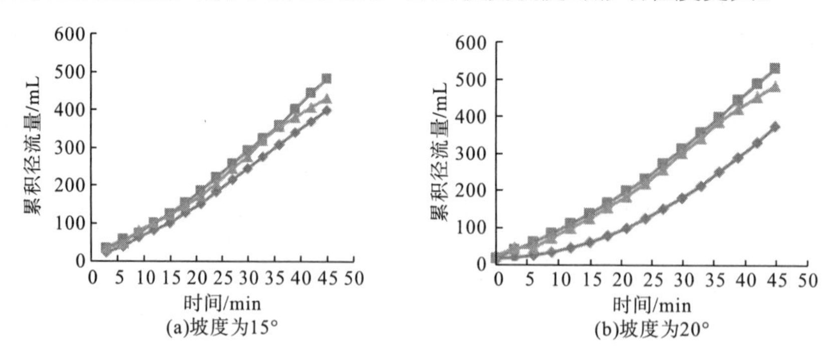

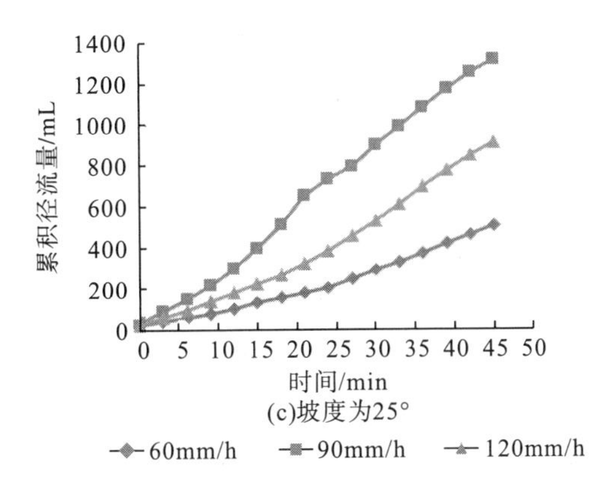

图 7-5　不同坡度下累积径流量随时间变化过程

7.2.5　不同雨强和坡度下径流总量变化特征

在雨强一定的条件下，地表径流主要由土壤下渗特性和承雨量来决定。由图 7-6 可看出，在雨强相同条件下，径流总量随坡度的增加而增加，其总径流量从大到小为 R3＞R2＞R1。这是由于受到承雨量的影响，随着坡度的增加，降雨在地表的下渗减少，承雨量下降，因此总径流量随坡度的增加而增大。在坡度相同时，径流总量随雨强的增加而增加。但不同雨强条件下径流总量的增加幅度不一致，雨强为 90mm/h、坡度为 25° 时的径流总量比雨强为 60mm/h 和 120mm/h 的要大。

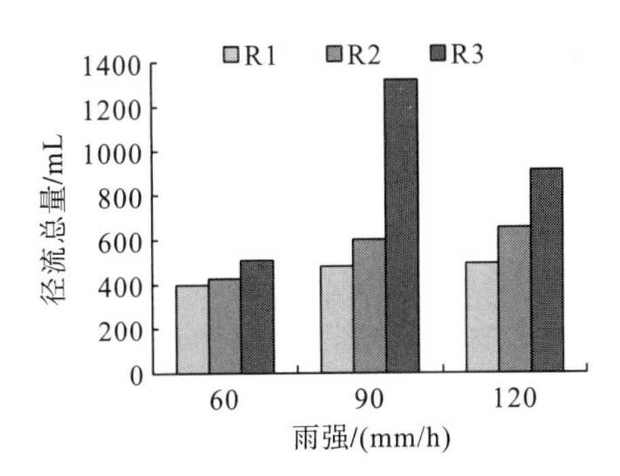

图 7-6　径流总量与坡度、雨强的关系

7.2.6　讨论

本书研究中，90mm 雨强下无论地表径流量、累积径流量均大于 60mm、120mm 雨强时的上述两个指标值，且坡度越大，这种差异越明显。通常情况下，雨强越大，径流量越大，实验结果与通常理解存在一定差异。产生上述现象的原因，可能是由喀斯特林地地表产流特性决定的。由于喀斯特地区土层浅薄，地表岩石裂隙发育，导致大量的降雨迅速下渗，转化为地下水，地表径流较少。喀斯特林地中径流小区尺度的地表径流，主要产生于枯落物层。降雨到达地表后，一部分降雨会消耗于枯落物拦蓄，因此雨强较小时，地表径流较小。当雨强适宜时，大部分降雨会附着于未分解枯落物表面，并沿着坡面向下流动。这时候未分解枯落物实际上起到了导流的作用，坡面上的枯落物连续体形成了地表径流的流动通道。对马尾松林而言，由于其未分解枯落物（松针）是细长条形，其导流作用更为明显。然而枯落物的导流作用是有限的，当降雨量超过枯落物能附着的雨量时，水流会在重力作用下向下滴落，离开枯落物形成坡面水流通道。此时，后续降雨形成的水流会在滴落水流的引导下继续下滴，从而切断了坡面水流通道，增加下渗量、减少地表径流。综上所述，喀斯特马尾松林地在中等雨强时地表径流大，大雨强时地表径流反而较小，产生此种现象的原因可能是雨强过大时，枯落物形成的坡面水流通道被切断。以上讨论仅是根据现有少量研究结果，结合实验观察分析得出，并不能完全排除实验误差、样地选择等偶然不确定因素。后续研究需进一步深入探讨喀斯特林地枯落物层，尤其是未分解层对径流小区尺度地表产流的作用和意义，并分析其与雨强、坡度之间的非线性关系，从而进一步揭示喀斯特地区坡面径流的形成与演变机制。

通常认为，在下垫面、降雨历时等其他条件一致的情况下，雨强越大，则径流总量越大。但图 7-6 表现出的特征与上述通常认识不符，当坡度为 25° 时，120mm/h 雨强产生的坡面径流反而小于 90mm/h 雨强产生的坡面径流。这可能是由于喀斯特地区土层薄、下伏基岩裂隙发育的特征导致的。当坡度较小（R1、R2）时，降雨引起的土壤侵蚀不太显著，土壤层对降水的渗漏起到一定的阻挡作用。降雨大部分沿坡面汇集形成坡面径流，此情形下径流总量随雨强的增加而增大。当坡度较大（R3）时，随着雨强的增加，土壤侵蚀显著增强，坡度大且雨强也大（R3、120mm/h）的情况下，降雨侵蚀力最大，可能导致原本填充在岩石裂隙中的土壤被水流冲走（可能是坡面侵蚀，也可能是垂直方向漏蚀）。岩石缝隙中的土壤被冲走后，使得原本利于形成坡面径流的下垫面性质发生变化，大量降水不形成坡面径流而直接通过岩石缝隙深入地下，形成地下径流。上述原因可能导致在坡度为 25° 时，120mm/h 雨强产生的坡面径流反而小于 90mm/h 雨强产生的坡面径流。

上述分析虽然能解释图 7-6 表现出特殊特征的原因，但其临界值为多少，存在何种不确定性，其机制如何，仍有待深入研究。首先，坡度和雨强到达何值时，会导致岩石裂隙中的土壤被明显侵蚀，从而显著影响坡面径流量，是有待解决的问题。其次，喀斯特地区下垫面空间一致性显著，不同地区甚至不同样地土壤厚度、裂隙发育程度和分布状况都存在差异，这些差异都会影响降雨径流模拟的结果，导致降雨、地形、径流的关系存在一定不确定性。产生上述不确定性的影响机制复杂，需要更深入的研究工作予以解释。

7.3　马尾松枯落物的地表径流与土壤侵蚀效应

7.3.1　雨强对地表径流的影响

为分析雨强对地表径流的影响，将不同枯落物覆盖条件下不同降雨历时的径流量和径流总量求平均值，得到不同雨强条件下的径流量和径流总量。由图 7-7(a)可知，当降雨强度为 40mm/h 时仅产生少量地表径流，入渗率较大；当降雨强度为 90mm/h 时，径流总量显著增加。当降雨强度为 140mm/h 时，径流总量进一步增加，但是增幅相对较小。地表径流量随着降雨强度的增加而增加，两者间呈正相关关系。从图 7-7(b)可知，在实验期内随着降雨历时增加，不同雨强下的地表径流量均呈持续增加的趋势，但是增加的幅度有差异。当降雨强度为 40mm/h 时的增幅最小，随着降雨过程持续，地表径流量增加不明显；相比之下，当降雨强度为 90mm/h 和 120mm/h 时，随着降雨过程持续，地表径流量显著增加，其中雨强为 120mm/h 时增加最显著，地表径流量从降雨初期的 147mL 增加到降雨结束时的 2138mL。上述结果表明，无论是径流总量还是产流变化过程，雨强均对其有明显影响。

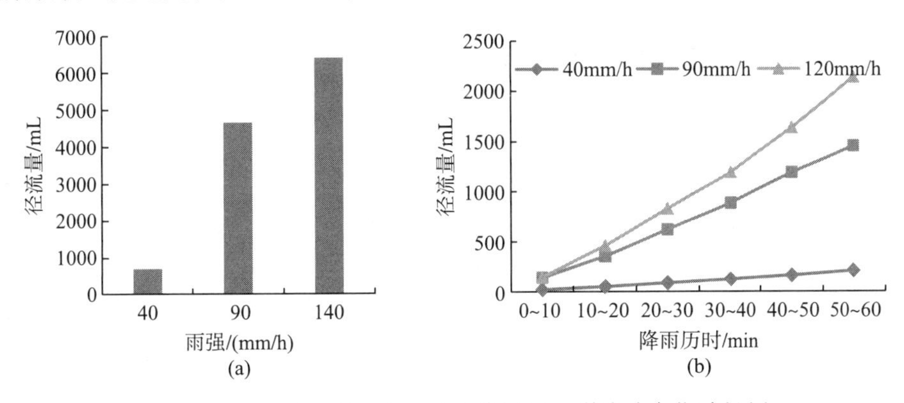

图 7-7　不同雨强下的径流量总体特征(a)及其产流变化过程(b)

7.3.2　雨强对地表土壤侵蚀的影响

为分析雨强对土壤侵蚀的影响，采用与径流量一致的处理方法，得到不同雨强条件下的泥沙量和泥沙总量。由图 7-8(a)可知，当降雨强度为 40mm/h 时，无土壤侵蚀；当降雨强度为 90mm/h 时，产生的泥沙总量为 2.37g；当降雨强度为 140mm/h 时，产生的泥沙总量为 33.7g。上述数据表明，在大雨强时，土壤侵蚀更加显著，泥沙总量的增幅更大。由图 7-8(b)可知，当降雨强度为 40mm/h 时，各降雨历时下均无泥沙产生。随着雨强增加，逐渐产生土壤侵蚀。当降雨强度为90mm/h 时，泥沙量随着降雨历时增加而逐渐增加。当降雨强度为 140mm/h 时，在降雨的前期，泥沙量随着降雨历时的增加而显著增加；但在降雨后期，泥沙量反而随着降雨历时增加而减少。可能的原因是，大雨强产生较大的地表径流，会对地表一些松散的土粒产生冲刷，当冲刷持续一段时间后，松散土粒被冲刷殆尽，降雨后期则泥沙减少。上述结果表明，虽然总体而言泥沙量也随着雨强增加而增加，但是其增幅和侵蚀产沙过程却与径流过程不一致。

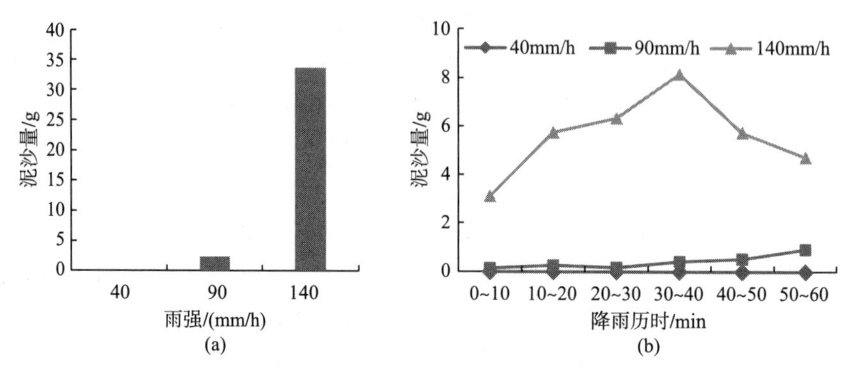

图 7-8 不同雨强下的泥沙量总体特征(a)及侵蚀产沙变化过程(b)

7.3.3 枯落物对地表径流的影响

由图 7-9 可知，在进行裸地试验时，随着降雨强度的增加，产流时间逐渐提前。在枯落物覆盖质量一致时，随着降雨强度的增加，枯落物层对产流时间均有不同程度的延缓作用。其中，0.3kg/m^2 枯落物覆盖延缓产流时间作用最为显著。在同一降雨强度下，随着覆盖枯落物质量的增加，延缓产流时间效果减弱。其主要原因是，当枯落物层相对较厚时，枯落物中的水无法及时下渗到土壤中，部分降水便在枯落物的导流作用下，在较短时间内集中汇聚形成径流流入集水槽中。故而在同一降雨强度下，枯落物质量较大的样地，延缓产流时间效果反而减弱。

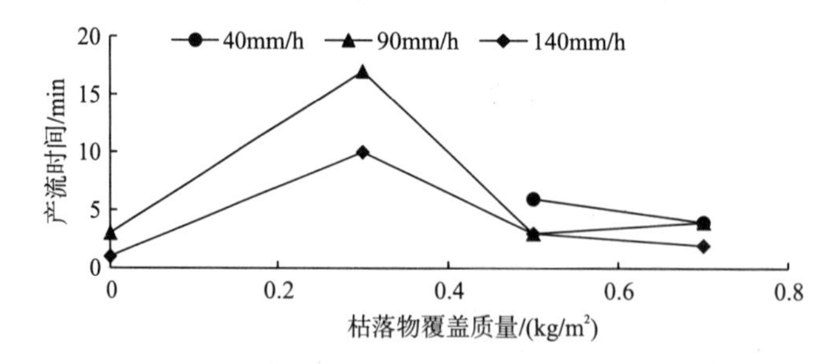

图 7-9 不同雨强和枯落物覆盖质量条件下产流时间的变化

注：在 40mm/h 降雨强度下，裸地和枯落物覆盖质量为 0.3kg/m^2 时没有产生径流

从图 7-10 可知，当降雨强度为 40mm/h 时，枯落物覆盖质量为 0kg/m^2 或 0.3kg/m^2 的情况下，几乎无地表径流产生；枯落物覆盖质量为 0.5kg/m^2 或 0.7kg/m^2 的情况下，从降雨开始到结束约有 50～400mL 的径流产生。当降雨强度为 90mm/h 时，随着枯落物覆盖质量的增加，地表径流量以 53%～74%的增长率增长。但枯落物覆盖质量为 0kg/m^2 时，径流量却显著高于其他三种枯落物覆盖质量的情况。当雨强为 140mm/h 时，枯落物覆盖质量为 0kg/m^2 或 0.7kg/m^2 的情况下，径流量均显著高于其他两种枯落物覆盖质量的情形。

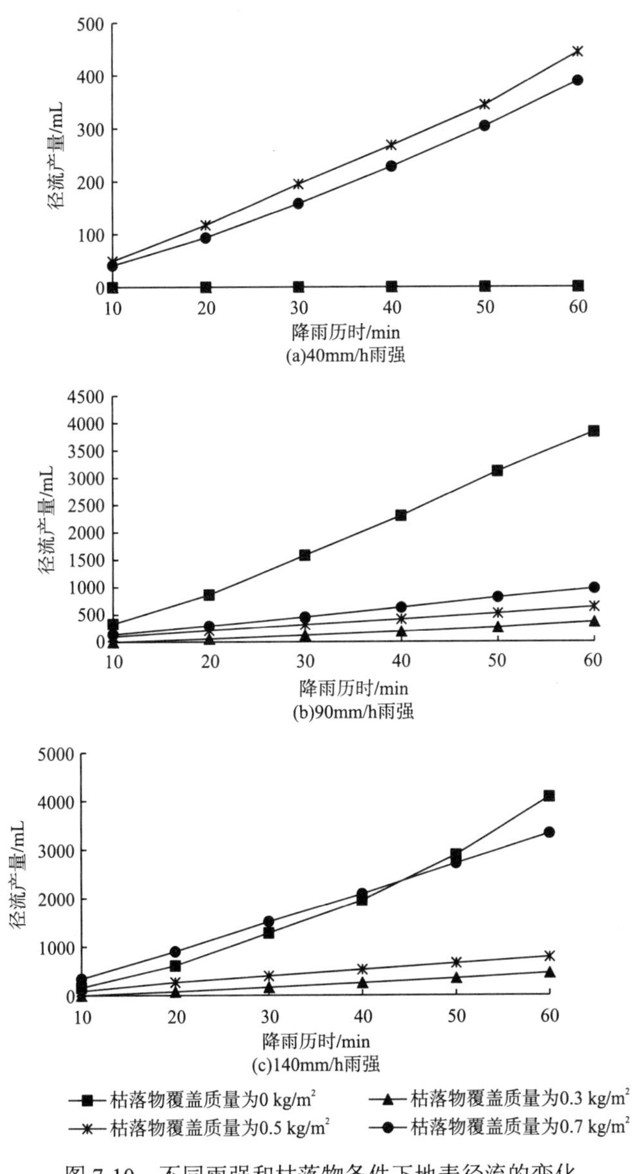

图 7-10　不同雨强和枯落物条件下地表径流的变化

7.3.4 枯落物对地表土壤侵蚀的影响

根据表 7-3 可以看出，当降雨强度≤40mm/h 时，地表不发生侵蚀；当降雨强度为 90mm/h 时，地表发生侵蚀，且随着降雨强度的增加，地表泥沙流失量增加。数据分析表明，地表产沙量随着降雨强度的增加而增加；同时，地表径流中携带泥沙。对泥沙烘干处理后发现，地表径流量增加的同时，产沙量也相应增加。当降雨强度达到 140mm/h 时，地表径流量仍在持续增加，但受到松散土壤表层厚度的限制，产沙量缓慢减少。

表 7-3 枯落物层对土壤侵蚀的影响

降雨强度/(mm/h)	枯落物质量/(kg/m^2)	泥沙量/g						
		0～10min	10～20min	20～30min	30～40min	40～50min	50～60min	泥沙总量
40	0	0	0	0	0	0	0	0
	0.3	0	0	0	0	0	0	0
	0.5	0	0	0	0	0	0	0
	0.7	0	0	0	0	0	0	0
90	0	0	0.87	0.43	1.43	1.67	1.91	6.31
	0.3	0.61	0.21	0.29	0.26	0.45	1.80	3.62
	0.5	0	0	0	0	0	0	0
	0.7	0	0	0	0	0	0	0
140	0	12.15	22.35	24.70	31.59	21.47	14.68	126.94
	0.3	0.33	0.58	0.57	0.92	1.39	4.18	7.97
	0.5	0	0	0	0	0	0	0
	0.7	0	0	0	0	0	0	0

随着地表枯落物质量增加，降雨对土壤侵蚀的效果急剧降低。当枯落物覆盖质量为 0.3kg/m^2、降雨强度为 90mm/h 时，收集到的径流样品澄清度比降雨强度为 140mm/h 时低，含有少量悬浮物和颗粒物。而枯落物覆盖质量≥0.5kg/m^2、降雨强度≥90mm/h 时，径流样品澄清度高，目测无杂质。分析数据得出，当雨强为 90mm/h 时，随着枯落物质量的增加，枯落物防止土壤侵蚀作用达到了 99%。当雨强为 140mm/h 时，随着枯落物质量的增加，枯落物防止土壤侵蚀作用为 94%。由此可知枯落物层对防止土壤侵蚀作用效果显著。

7.3.5　讨论

7.3.5.1　枯落物质量及雨强对径流量影响的非线性关系

图 7-10 表明，当雨强较小时(40mm/h)，裸地无地表径流产生，地表径流量随枯落物增加而增加；而当雨强较大时(90mm/h、140mm/h)，裸地的地表径流量最大，在有枯落物覆盖的情况下，径流量随枯落物增加而增加。小雨强下地表径流量随枯落物增加而增加的原因是：当雨强较小时，无枯落物覆盖的裸地绝大部分降水立即下渗，无地表径流产生；在有枯落物覆盖的情况下，由于枯落物蓄滞降水、削弱径流的作用主要产生在枯落物下层(半分解层)，表层未分解的枯落物仍保留着原有长条的形状(含有部分松针)，实际上对水流起到导流作用，水流顺着枯落物往低处流动，因此本书研究中，小雨强情况下，枯落物越厚，地表径流量越大。而雨强较大时(90mm/h、140mm/h)，裸地的地表径流量最大的原因是：当雨强增大后，雨强超过裸地下渗能力，大量的降雨转化为径流，因此大雨强下裸地的地表径流量最大；相比之下，有枯落物覆盖时，部分降水要被枯落物下层蓄滞，因此有枯落物覆盖的情况下，地表径流量要比裸地小。综上所述，枯落物覆盖质量及雨强对径流量的影响并非简单的线性关系。

7.3.5.2　枯落物层减沙效应与减流效应

通过模拟试验发现，土壤侵蚀量仅在无枯落物覆盖的情况下较大，而当雨强较大时，无论有无枯落物覆盖，地表径流量均增加，在枯落物覆盖较厚时，地表径流量增加极为显著，说明在其他条件较为一致的情况下，枯落物层防止土壤流失的效果显著优于减少地表径流量的效果。枯落物层改变了地表径流的状态，使其速度更加稳定，削弱了对土壤的冲刷力量，从而减少坡面土壤流失量。其中，在 90mm/h、140mm/h 雨强条件下，随着枯落物质量的增加，径流量增大，对阻滞和减少地表径流的作用没有明显的效果。但在观察具体试验过程中发现，试验土槽的长度、坡度等对其有一定的影响，影响程度还需要对变量进行进一步细化试验。

7.3.5.3　控制实验中的不确定性

人工降雨试验是人们进行水土流失研究的主要方法之一，室外模拟人工降雨更符合大自然天气的变化，使试验过程更接近真实情况。本书探讨影响地表径流的因素主要为枯落物覆盖质量和降雨强度。但在产流过程中，下渗能力、径流流速、坡度和试验土槽长度等因素对地表产流、携带泥沙过程也有较大的影响。本书通过试验观测和数据分析，虽然揭示了枯落物对地表径流和土壤侵蚀的影响，但因条件限制，研究还不够透彻、细化，在以后的试验中应改进试验条件，完善试验探究因素，深入探究其影响程度，使试验结果更具有说服力与实用性，更全面地研究喀斯特地区枯落物层对地表径流和土壤流失的影响。

7.4 小 结

本章研究表明，在喀斯特地区马尾松林下，雨强对地表径流有明显影响。坡度对地表径流量有一定影响，但是陡坡时的径流量增幅显著大于缓坡，说明缓坡的坡度变化对径流量影响不明显。随着雨强增加，坡度对累积径流量的影响变得显著。总体而言，雨强较小时，各坡度等级的累积径流量差异不显著。随着雨强增加，坡度对累积径流量的影响变得显著。坡度对累积径流量的影响并非线性关系，而是坡度较陡时影响程度更大。但不同雨强条件下径流总量的增加幅度不一致，雨强为 90mm/h 时的径流总量比雨强为 60mm/h 和 120mm/h 的要大。

在室内人工模拟降雨和变坡土槽条件下，无论是径流总量还是产流变化过程，雨强均对其有明显影响。虽然总体而言，泥沙量也随着雨强增加而增加，但是其增幅和侵蚀产沙过程却与径流过程不一致，侵蚀产沙过程存在明显波动。随着降雨强度的增加，枯落物层对产流时间均有不同程度的延缓作用。雨强与径流量之间不是简单的线性关系，大雨强时裸地径流量大于有枯落物覆盖的地面，小雨强时裸地径流量小于有枯落物覆盖的地面。地表枯落物质量增加使得降雨对土壤侵蚀的效果急剧降低，马尾松枯落物对防止土壤侵蚀作用效果显著。

第 8 章　喀斯特林地土壤抗蚀性与抗冲性分析

在以贵州为核心的中国南方喀斯特地区，地形起伏大、环境脆弱，土层与基岩直接接触使得土壤的附着力差。在没有植被保护的情况下，一旦有雨水冲刷，就会产生水土流失，使得基岩裸露，土壤侵蚀加剧。而解决土壤侵蚀的有效措施就是植树造林，提高植被覆盖度。但不同的森林植被群落的根系及枯枝落叶对防止土壤侵蚀的效果不同。土壤抗蚀性与抗冲性是体现土壤抵御侵蚀的重要指标。因此，研究喀斯特地区不同森林植被群落下土壤的抗蚀性与抗冲性，对改善喀斯特地区土壤侵蚀状况具有重要的理论与现实意义。

8.1　研 究 方 法

8.1.1　样地设置

试验样地位于贵州省贵阳市花溪区贵州师范大学内，土壤以黄壤和石灰土为主，样地基本情况如表 8-1 所示。

表 8-1　样地基本情况

序号	植被类型	坡度/(°)	主要植被
1	阔叶林	12	云南樟、麻栎、女贞、盐肤木、冬青、香叶、圆果化香等
2	针叶林	20	马尾松
3	灌草	26	蕨类、火棘、小果蔷薇等

8.1.2　样品的采集

1.抗蚀性实验样品采集

每种植被类型样地选取 3 个点，每个点重复 3 次采样，在 0～10cm 和 10～20cm 土层内，用环刀取原状土来测定土壤含水量、容重等性质；每种样地内按 S 形布点法取 0～10cm 和 10～20cm 土层的混合土样，然后用四分法将土样分取至约 1kg 带回实验室风干备用，用于土壤机械组成、土壤有机质、土壤团聚体、土壤抗蚀指数等指标的测定。部分样品采集与预处理图如图 8-1 所示。

图 8-1 土样采集及预处理

2.抗冲性实验样品采集

为了便于考查不同森林植被群落下的土壤本身抵抗径流冲刷的能力，本书在每个样方内采用自制取土器(30cm×15cm×10cm)采集六份表层土壤原状土样品，将其带回实验室做冲刷实验。注意在采集和运输过程中尽量不扰动土样。

8.1.3 抗蚀性的测定

1.分析方法

土壤含水量采用酒精烘烤法测定，土壤容重采用环刀法测定，土壤有机质采用高温外热重铬酸钾氧化-容量法，土壤大团聚体采用人工筛分法(干筛法和湿筛法)测定，土壤微团聚体和土壤机械组成的测定采用比重法，土壤抗蚀指数的测定采用土粒浸水实验。其过程为：先将采取的土壤样品风干、筛分，再将干筛后留在 3mm 筛上的 3～6mm 的土壤颗粒数出 100 粒，分 4 次放入盛水容器中的 1mm 土壤筛上进行实验，水刚好浸没土粒，水温以实验地水源为准，温度为 20℃左右。同时以土粒完全散开为标准记录每 1min 土粒崩塌的个数，连续记录 10min，最后计算抗蚀指数(张洪江 等，2010；王家强 等，2014；徐树建，2015)。测定各指标的实验如图 8-2 所示。

(a)干筛筛分各粒级土粒

(b)比重法

(c)酒精烘烤法

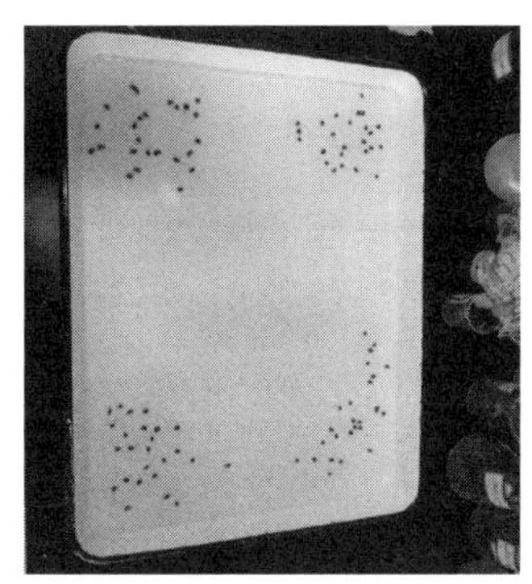

(d)土粒浸水实验

(e)配置0.1mol·L^{-1} $FeSO_4$溶液

(f)湿筛法

(g)有机质测定设置对照组

(h)高温外热重铬酸钾氧化-容量法测定有机质

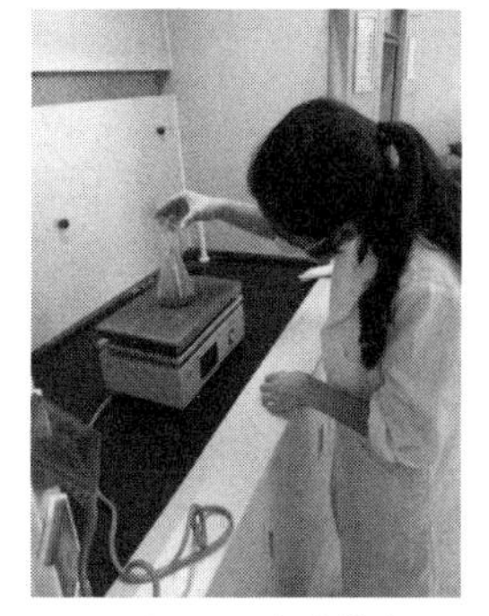

(i)用$FeSO_4$溶液滴定

图 8-2　测定各指标的实验

2.评价指标

土壤抗蚀性是一个由多种指标共同作用的综合因子，单一指标只能反映土壤对侵蚀营力的相对敏感性(阮伏水和吴雄海，1996)。因此，只能将在一定的控制条件下通过实际测定土壤某些性质的参数作为土壤抗蚀性指标，从而达到评估土壤抗蚀性的目的。本书采用以下常用指标综合评价土壤抗蚀性：

$$S = \frac{(W - V)}{W} \times 100\% \tag{8-1}$$

式中，S为土壤抗蚀指数(%)；W为总土粒数(个)；V为崩塌土粒数(个)。

$$O = \frac{\frac{0.8000 \times 5.00}{V_0} \times (V_0 - V) \times 0.003 \times 1.724 \times 1.1}{\text{烘干土重}} \times 100\% \tag{8-2}$$

式中，V_0为滴定空白时所用 $FeSO_4$ 的量(mL)；V为滴定土样时所用 $FeSO_4$ 的量(mL)；0.8000 为 $1/6K_2Cr_2O_7$ 标准溶液的浓度($mol \cdot L^{-1}$)；5.00 为所用 $K_2Cr_2O_7$ 的量(mL)；0.003 为碳的摩尔质量 $12g \cdot mol^{-1}$ 被反应中电子得失数 4 除得 0.003($kg \cdot mol^{-1}$)；1.724 为碳转化为有机质的系数；1.1 为校正系数；烘干土重单位为 g。

$$A_d = \frac{m_d}{M_d} \times 100\% \tag{8-3}$$

式中，A_d为>0.25mm 干筛团聚体含量(%)；m_d为干筛各级团粒质量(g)；M_d为干筛试验土样总质量(g)。

$$A_w = \frac{m_w}{M_w} \times 100\% \tag{8-4}$$

式中，A_w 为>0.25mm 水稳性团聚体含量(%)；m_w 为湿筛各级团粒质量(g)；M_w 为湿筛试验土样总质量(g)。

$$S_t = \frac{A_d - A_w}{A_d} \times 100\% \tag{8-5}$$

式中，S_t为结构破坏率；A_d、A_w含义同上。

$$R = a - b \tag{8-6}$$

式中，R 为土壤团聚状况(%)；a 为>0.05mm 微团聚体分析值(%)；b 为>0.05mm 机械组成分析值(%)。

$$R_1 = \frac{R}{a} \times 100\% \tag{8-7}$$

式中，R_1为团聚度(%)；R、a 含义同上。

$$K_1 = \frac{a_1}{b_1} \times 100\% \tag{8-8}$$

式中，K_1为分散率(%)；a_1为<0.05mm 微团聚体分析值(%)；b_1为<0.05mm 机械

组成分析值(%)。

$$K_2 = \frac{a_2}{b_2} \times 100\% \tag{8-9}$$

式中，K_2为分散系数(%)；a_2为<0.001mm 微团聚体分析值(%)；b_2为 0.001mm 机械组成分析值(%)。

8.1.4　抗冲性的测定

土壤抗冲指数的测定，采用的是原状土冲刷槽法。在进行冲刷实验前，为保持土壤初始含水率一致，将采集到的土样置于水中浸润至饱和，试验时静置除去多余水分后放置于冲刷槽进行抗冲实验。根据当地的一般降水情况，设计冲刷雨强为 60mm/h。根据研究区的实地情况，设置冲刷槽坡度分别为 15°、30°、45°，每一坡度同类样品重复试验两次。从开始进行冲刷实验时就计时，确定其冲刷时间为 12min，每 2min 采集 1 次水样，共 6 个泥沙样，冲刷实验结束后将采集的泥沙样采用烘干法后测定其泥沙干重，以此计算不同时段的土壤冲刷量。土壤抗冲指数为单位时间内水冲刷掉的泥沙质量，用 ANS 表示，单位是 g/min，ANS 越大，土壤的抗冲性越强。冲刷历时(min)与冲失干土重(g)的关系为

$$\text{ANS}=T/\text{WLDS} \tag{8-10}$$

式中，T是冲刷历时(min)；WLDS 是冲刷掉的泥沙质量(g)。

植被根系的处理中，将做过原状土冲刷实验的土样取出置于 0.25mm 的土壤筛在水中不断淘洗，拣出全部根系，晾干表面的水后，在 1000mL 的量筒中加入体积为V_1的自来水，将根系全部放入装有水的量筒中(使根系全部浸入水中)，测得体积V_2，用V_2-V_1即得根系体积，计算根系体积占土块体积的比例(%)，然后利用游标卡尺测量最大的根系直径及其长度(cm)。

8.2　喀斯特林地土壤抗蚀性

8.2.1　土壤抗蚀指数

图 8-3 可以反映出不同植被群落下的土壤抗蚀性有所差异，但三种植被类型下的土壤抗蚀指数都比较高，反映出植被覆盖对缓解土壤侵蚀的重要作用。在 0～10cm，土壤抗蚀性表现为：阔叶林>灌草丛>针叶林；在 10～20cm 表现为：灌草丛>针叶林>阔叶林。土壤抗蚀指数由多种因素共同影响，可能与土壤中腐殖质、有机质、土壤本身颗粒等性质有关。阔叶林内植被种类多且植被覆盖度高，产生的枯落物较多，在微生物作用下生成较多的有机质，有机质促进土壤团粒结构的

形成，使土层更疏松，透水性更强，针叶林与阔叶林、灌草丛相比，其植被单一，微生物作用相对较弱。木本植物的腐殖质自表层向下急剧减少，但草本植物以枯残根系进入土体上部，所以腐殖质自表层向下逐渐减少。该取土范围内灌草丛下层土壤为黄壤，黄壤质地黏重，不易被侵蚀，所以表层阔叶林的土壤抗蚀指数较高，但下层内灌草丛较高。

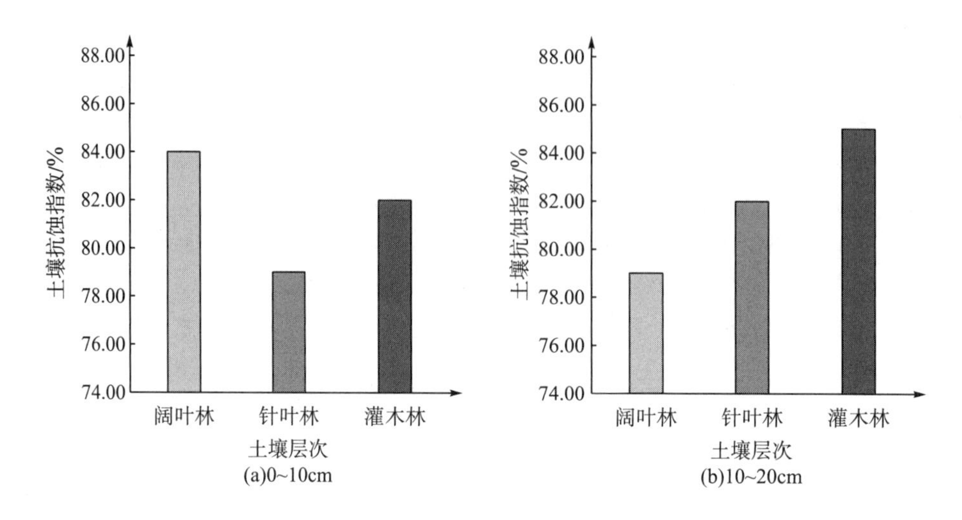

图 8-3 不同植被群落下土壤抗蚀指数

8.2.2 有机质含量

图 8-4 显示，在 0～20cm，三种植被群落在纵向上的土壤有机质含量都呈递减趋势。在阔叶林表层土壤中有机质含量最高，但在下层下降趋势较快，相比下降 36.13%。这主要是因为阔叶林中植被类型多样，表层生物量流动大，物质循环较快，凋落物易分解转化，在表层形成较多的土壤活性有机质，但喀斯特地区土层普遍比较薄，下层内生物活动量锐减，枯落物在表层大部分就已经被分解，土壤肥力较表层差，所以产生的有机质下降趋势明显，表明阔叶林在增加土壤有机质中的重要作用。草本植物以枯残根系进入土体上部，腐殖质自表层向下不会锐减，所以灌草丛在该范围内有机质下降趋势比较平缓，说明该植被群落受有机质影响的土壤抗蚀性比较稳定。针叶林表层土壤土质疏松，有机质通过淋溶等作用聚积，加上下层自身存在的有机质，所以在下层中针叶林有机质含量较阔叶林和针叶林高。

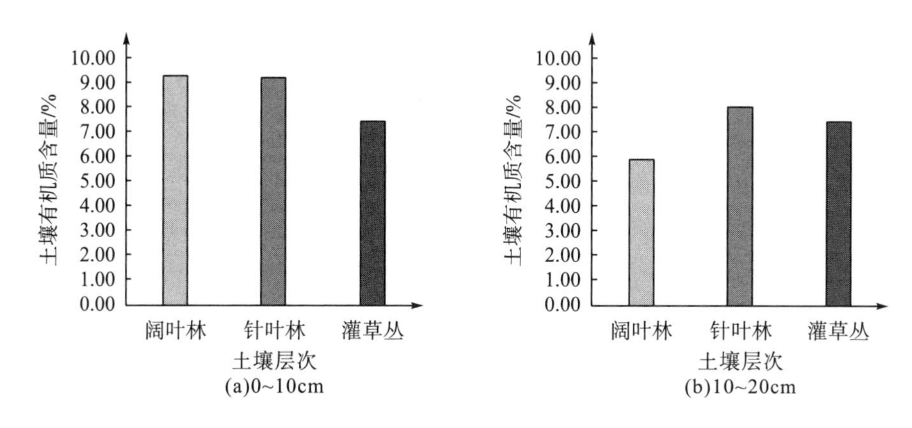

图 8-4　不同植被群落下土壤有机质含量

8.2.3　干筛团聚体含量

三种植被类型的土壤团聚体结构组成多以>3mm 为主。在土壤表层内，阔叶林>3mm 的团聚体含量较针叶林和灌草丛提高 29.97%和 9.75%，灌草丛的该粒级含量比纯针叶林高出 5.41%，针叶林的团聚体含量所占比例最低；下层内灌草丛该粒级含量明显优于其他两种植被类型，但针叶林的>3mm 团聚体含量略高于阔叶林。>0.25mm 干筛团聚体含量的排序为：在土壤表层内，阔叶林(94.93%)>灌草丛(94.75%)>针叶林(89.34)；在土壤下层内，灌草丛(94.04%)>针叶林(94.01%)>阔叶林(92.42%)。这些在一定程度上反映出阔叶林对改良表层土壤结构的优势，对提高喀斯特地区的土壤抗蚀性非常有用，另一方面也反映出喀斯特地区的纯针叶林表层土壤团聚体容易受外界条件影响而分散，阔叶林下层内土壤团聚性能较差，表明喀斯特地区生态环境的脆弱性，以及保护植被覆盖的重要性。

表 8-2　不同植被群落下土壤团聚体(干筛)组成(%)

植被类型	层次	>5mm	3～5mm	2～3mm	1～2mm	0.5～1mm	0.25～0.5mm	>0.25mm
阔叶林	0～10cm	15.93	33.15	8.72	19.98	8.01	9.15	94.93
	10～20cm	8.00	21.70	12.63	33.55	8.01	8.55	92.42
针叶林	0～10cm	4.93	14.19	7.78	32.26	14.46	15.74	89.34
	10～20cm	9.00	21.34	10.44	33.67	9.20	10.37	94.01
灌草丛	0-10cm	11.46	27.87	12.52	30.39	8.94	3.57	94.75
	10～20cm	16.00	27.78	8.61	28.68	7.01	5.97	94.04

8.2.4 水稳性团聚体含量和结构破坏率

由表 8-3 可知，三种植被类型>0.25mm 水稳性团聚体的含量为：在土壤表层，阔叶林(70.06%)>灌草丛(65.96%)>针叶林(60.83%)；在土壤下层，灌草丛(66.76%)>针叶林(64.25%)>阔叶林(61.71%)。阔叶林表层枯落物多，腐殖质含量高，植被类型多样，生物活动丰富，有机质含量丰富，所以表层阔叶林的水稳性团聚体含量占优势；但针叶林内植被类型单一，且表层土壤疏松，有机质等营养物质都向下聚集，所以针叶林的水稳性团聚体在下层比较占优势；灌草丛下的有机质虽然不多，但其本身为黏性很强的黄壤，使得团聚作用发挥更好，所以其水稳性团聚体含量并不低。通常情况下，用有机质含量和土壤水稳性团聚体含量作为指标来评价土壤的抗蚀性时，二者之间的变化应基本一致(董慧霞 等，2005)。但是在团聚体的形成过程中，胶结作用只是其中的一部分，而且有机质只是胶结物质中的一类，团聚体的形成还与土壤本身的颗粒大小、自身黏结力及根系、微生物活动等因素有很大关联，所以此处的水稳性团聚体变化与有机质变化不太一致主要是受这些因素影响。结构破坏率表示土壤抗蚀性，此实验中结构破坏率的变化规律与>0.25mm 水稳性团聚体含量的变化规律一致。

表 8-3 不同植被群落下水稳性团聚体含量和结构破坏率(%)

植被类型	土层深度/cm	>5mm	3～5mm	2～3mm	1～2mm	0.5～1mm	0.25～0.5mm	>0.25mm	结构破坏率
阔叶林	0～10cm	12.52	14.06	9.83	15.00	8.83	9.82	70.06	26.19
	10～20cm	5.79	17.92	11.41	8.60	7.77	10.21	61.71	33.23
针叶林	0～10cm	0.90	13.97	8.21	13.39	11.28	13.06	60.83	31.92
	10～20cm	4.06	16.51	10.52	11.41	10.07	11.68	64.25	31.65
灌草丛	0～10cm	9.51	29.62	12.33	3.57	5.19	5.74	65.96	30.38
	10～20cm	13.79	21.87	7.85	9.00	7.21	7.04	66.76	29.01

8.2.5 土壤机械组成分析

由表 8-4 可知，土壤机械组成差别比较大，在 0～10cm 土层：阔叶林以物理性黏粒(<0.01mm)和中细粉粒(0.001～0.01mm)为主，其含量分别占 52.41%和 31.01%；针叶林以砂砾(0.05～1mm)和物理性黏粒(<0.01mm)为主，其含量分别占 29.41%和 48.61%；灌草丛以砂砾(0.05～1mm)和物理性黏粒(<0.01mm)为主，其含量分别占 46.01%和 43.01%。在 10～20cm 土层，针叶林和灌草丛的机械组成分布特征与表层一直，但是阔叶林以砂砾(0.05～1mm)和物理性黏粒(<0.01mm)

为主，与表层不一致。三种类型下中砂砾比例高(尤其是灌草丛下的土壤)，主要是由于土体中夹着很多岩石碎屑，这会导致土壤蓄水蓄肥性不好，所以在这三种植被类型下，阔叶林表层的蓄水保肥能力是最好的，自然植被生长优势较大，其土壤抗蚀性能也是最强的。

表 8-4　不同植被群落下土壤机械组成状况(%)

植被类型	采样深度	0.05～1 mm	0.01～0.05 mm	<0.01 mm	0.001～0.01 mm	<0.001 mm
阔叶林	0～10cm	24.60	22.98	52.41	31.01	26.00
	10～20cm	30.61	23.98	45.41	28.01	22.00
针叶林	0～10cm	29.41	21.98	48.61	27.01	27.00
	10～20cm	33.21	17.98	48.81	32.81	21.00
灌草丛	0～10cm	46.01	10.98	43.01	14.00	30.00
	10～20cm	47.41	8.98	43.61	14.00	31.00

8.2.6　以微团聚体含量为基础的土壤抗蚀性指标

由表 8-5 可知，不同植被类型 0～10cm 的土壤团聚状况排序为：阔叶林(34.09%)>灌草丛(24.21%)>针叶林(14.94%)；10～20cm 的土壤团聚状况排序为：灌草丛(39.61%)>针叶林(27.50%)>阔叶林(22.09%)；团聚度的变化特征与团聚状况一致。从结果可以看出，阔叶林土壤表层结构明显优于其他两种，但下层结构差，如果表层遭到破坏，对下层的影响很大。

表 8-5　不同植被群落下土壤团聚状况、团聚度、分散率及分散系数(%)

植被类型	采样深度	团聚状况	团聚度	分散率	分散系数
阔叶林	0～10cm	34.09	58.10	54.80	51.28
	10～20cm	22.09	41.94	68.17	90.91
针叶林	0～10cm	14.94	33.71	78.84	55.56
	10～20cm	27.50	45.32	58.84	79.37
灌草丛	0～10cm	24.21	34.49	55.17	55.56
	10～20cm	39.61	45.53	24.71	64.52

据表 8-5 显示，在 0～10cm 土层，阔叶林分散率低于针叶林和灌草丛，表明在表层阔叶林地具有较强的抗蚀性，灌草地次之，针叶林最弱；在 10～20cm 亚表土层，土壤分散率从小到大为：灌草丛(24.71%)＜针叶林(58.84%)＜阔叶林(68.17%)。

8.2.7 抗蚀指标间的相关性分析

土壤有机质充当胶结剂有助于土壤团粒结构的形成，改善土壤结构，改变土壤透水性、通气性等，能有效提高土壤抗蚀性能。对有机质含量、团聚体含量、水稳性团聚体含量、结构破坏率、团聚状况、团聚度、分散率、分散系数等 8 个因子进行主成分分析发现：有机质含量在土壤表层和下层的贡献率最大，分别为 75.073%和 86.024%，因此用团聚体含量和有机质含量之间的相关性分析对各抗蚀指标间的关系进行检验。由表 8-6 可知，在 0～10cm 土层，水稳性团聚体较干筛团聚体占优势，有机质含量与水稳性团聚体呈显著正相关关系，相关系数为 0.977。土壤中水稳性团聚体含量会随着有机质含量的增加而增加，水稳性团聚体被水浸湿后稳定性较高，不易解体。在喀斯特区降雨大且土层薄，土壤易受水蚀，可通过改善植被状况来增加土壤有机质含量，从而增加土壤水稳性团聚体含量来达到提高土壤抗蚀性的目的。结构破坏率、分散系数和有机质含量、水稳性团聚体含量的相关系数分别为−0.994、−0.931 和−0.947、−0.832，呈负相关关系；团聚状况、团聚度和有机质含量、水稳性团聚体含量的相关系数分别为 0.991、0.941 和 0.997、0.847，呈正相关关系，表明结构破坏率、团聚状况亦可用于评价该区表土土壤抗蚀性能。

表 8-6 0～10cm 土层土壤抗蚀指标的相关性分析

土壤抗蚀指标	有机质含量	>0.25mm 干筛团聚体含量	水稳性团聚体含量	结构破坏率	团聚状况	团聚度	分散率
>0.25mm 干筛团聚体含量	0.798	1.000	—	—	—	—	—
水稳性团聚体含量	0.977	0.909	1.000	—	—	—	—
结构破坏率	−0.994	−0.727	−0.947	1.000	—	—	—
团聚状况	0.991	0.871	0.997	−0.971	1.000	—	—
团聚度	0.941	0.548	0.847	−0.973	0.888	1.000	—
分散率	−0.789	−1.000**	−0.902	0.717	−0.864	−0.536	1.000
分散系数	−0.931	−0.524	−0.832	0.966	−0.875	−1.000*	0.512

注：**表示在 0.01 水平上显著相关；*为在 0.05 水平上显著相关

在 10～20cm 土层，干筛团聚体较水稳性团聚体占优势，降水时靠土壤的下渗能力可以减少水蚀力，土壤下层中，大团聚体越多，土壤间空隙越大，越利于渗水。由表 8-7 可知，有机质含量与＞0.25mm 干筛团聚体含量的相关系数呈显著正相关关系，系数为 0.940。在下层，团聚度表征土壤抗蚀性能比较明显，其与有机质含量和＞0.25mm 干筛团聚体含量的相关系数分别为 0.927 和 0.999，呈正相关关系。

表 8-7　10～20cm 土层土壤抗蚀指标的相关性分析

土壤抗蚀指标	有机质含量	>0.25mm 干筛团聚体含量	水稳性团聚体含量	结构破坏率	团聚状况	团聚度	分散率
>0.25mm 干筛团聚体含量	0.940	1.000	—	—	—	—	—
水稳性团聚体含量	0.658	0.876	1.000	—	—	—	—
结构破坏率	−0.540	−0.795	−0.989	1.000	—	—	—
团聚状况	0.478	0.749	0.976	−0.997*	1.000	—	—
团聚度	0.927	0.999*	0.893	−0.816	0.772	1.000	—
分散率	−0.387	−0.678	−0.949	0.985	−0.995	−0.704	1.000
分散系数	−0.600	−0.837	−0.997*	.997*	−0.989	−0.856	0.970

注：*表示在 0.05 水平上显著相关

8.3　喀斯特林地土壤抗冲性

8.3.1　冲刷过程中含沙量变化特征分析

在土壤冲刷过程中，冲刷掉的泥沙量变化可反映出喀斯特地区不同森林植被群落下的土壤在固定雨强作用下抗冲性能随时间变化的特点。由图 8-5 可知，冲刷实验初期，各土壤冲刷出的含沙量均比较大，并随着冲刷时间的延长，含沙量呈规律性递减，这主要是由于表层土壤较松散，更易被冲刷，因而在 60mm/h 的雨强冲刷下产生的径流所携带的泥沙量较多。在坡度为 15° 的实验条件下，冲刷 2min 后，灌草地的含沙量急剧减少，其次为针叶林地。灌草地、针叶林地分别在冲刷 8min、10min 后，泥沙量趋于稳定减少状态；阔叶林地的含沙量在整个冲刷过程中均以平稳的速度减少。在坡度为 30° 的实验条件下，冲刷 2min 后，灌草地的含沙量减少得最多，阔叶林、针叶林次之，并分别于 12min、10min、6min 后趋于稳定。在坡度为 45° 的实验条件下，阔叶林、灌草地分别在冲刷产流 4min、8min 后土壤含沙量趋于稳定。在该坡度下，三种森林植被群落下的土壤含沙量变化较大，含沙量为针叶林>灌草地>阔叶林，但从整体来看，泥沙量是随冲刷时间的延长减少的。由此可知，不同森林植被群落下的土壤含沙量不论在产流后怎样变化，随着冲刷时间的延长是逐渐减少的，并趋于相对稳定的状态。同时，由图 8-5 可以看出，在相同冲刷坡度、冲刷雨强、冲刷历时下，阔叶林的含沙量较小，且能在较短时间内趋于稳定；灌草地在坡度为 15° 和 30° 的实验条件下的含沙量在整个冲刷过程中均比较大，含沙量趋于稳定的时间滞后于另外两种森林植被群落；而在坡度为 45° 的试验条件下，泥沙量表现为针叶林>灌草地，这与其植被根系有关。由表 8-8 可以看出，灌草地的根系体积最大，阔叶林次之，针叶林最小；灌草地根系在土样中所占比例最大。众多研究表明，植物根系能显著增强土壤的抗冲性，王万忠和焦菊英(1996)就曾指出土壤的抗冲强度取决于根系的分布、盘绕、固结作用。吴彦等(1997)研究发现植被根系提高土壤抗侵蚀能力主要是通过径级小于1mm的根系发挥作用。但喀斯特地区生态环境脆弱，土层浅薄，灌草地根系多小于1mm，为细小根系，根劈作用小，不能很好地固定土壤。且有研究显示，随着植被的正向演替过程，表层(0～15cm)土壤的抗冲性逐渐增大(周正朝和上官周平，2006)。因此在坡度为45°的实验条件下针叶林的含沙量在4min后大于阔叶林、灌草地。

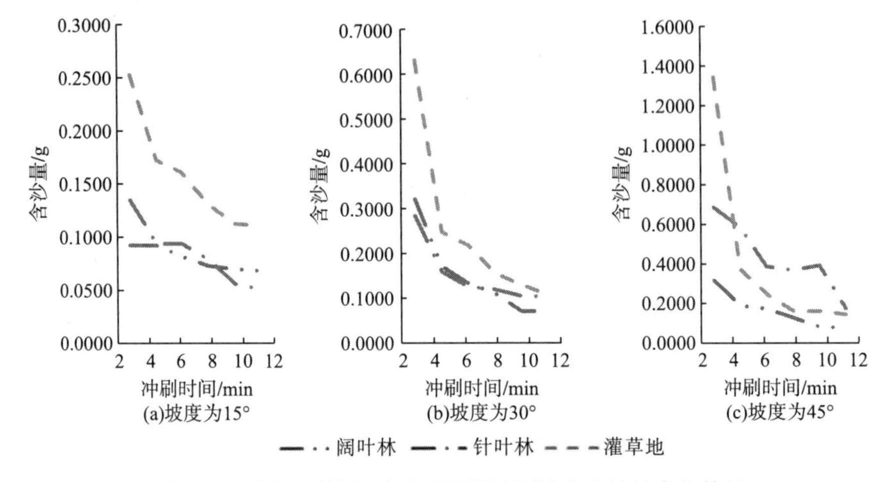

图 8-5 不同森林植被群落下土壤冲刷过程含沙量变化特征

表 8-8 根系情况表

类别	针叶林	阔叶林	灌草地
自来水体积(V_1)/mL	700	875	800
水+根系体积(V_2)/mL	720	930	868
根系体积(V_3)/mL	20	55	65
冲刷槽体积(V_4)/mL	—	4500	—
V_3/V_4/%	0.56	1.22	1.44
径级>1mm 根系个数/个	37	39	29
径级>1mm 根系体积/mL	15.5	35.91	20
径级>1mm 根系所占比例/%	77.50	65.28	22.99

8.3.2 冲刷过程中抗冲指数变化特征分析

土壤抗冲性随冲刷时间的延长而增强，这种规律不受地表植被和坡度的影响而改变(图 8-6)。三种森林植被下的土壤抗冲指数整体上表现为从阔叶林地、针叶林地到灌草地逐渐降低，其中阔叶林地的抗冲指数最大。在三种坡度下，随着冲刷时间的增加，阔叶林抗冲指数上升最快，其次为针叶林，最后为灌草地。这主要是由于喀斯特地区成土缓慢，植被受碳酸盐岩性影响生长慢，生态环境脆弱，土层与基岩直接接触使得土壤的附着力差，逆向演替快，正向演替慢，植被一旦遭到破坏，恢复就很困难，一旦有雨水冲刷，就会产生水土流失，其土壤抗冲性将大幅度降低(赵洋毅 等，2008)。随着降雨历时的延长，阔叶林的抗冲性表现为最强。这主要与阔叶林植被覆盖良好，根系分布较广，根系的穿插、缠绕、固结土壤能力较强有关。由图 8-6 还可以看出，随着冲刷时间的增加，不同森林植被群落下土壤的抗冲性有一定波动，但从整体上看仍呈上升趋势，符合土壤抗冲性随时间的延长越强的规律，而这与在冲刷过程中土壤冲刷掉的泥沙量的变化有关。

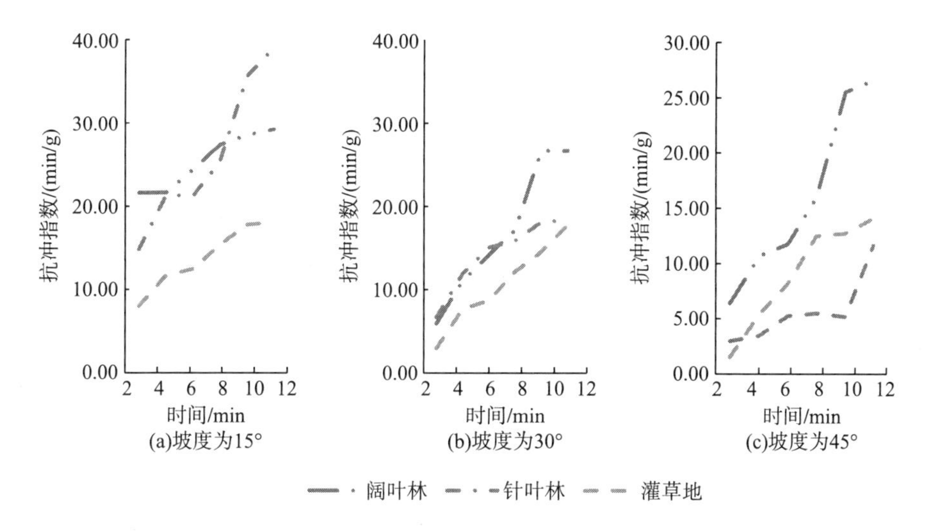

图 8-6　不同森林植被群落下土壤冲刷过程中抗冲指数变化特征分析

8.3.3　坡度对土壤抗冲性的影响分析

坡度是影响土壤抗冲性的重要因素之一，而含沙量则反映土壤的抗冲性能，冲刷产流中的含沙量越低，说明土壤抗冲性越强。由图 8-7 可知，在整个冲刷过程中，同一森林植被群落下的土壤在不同坡度的试验条件下，随着坡度的增加，土壤抗冲指数有一定波动，但整体上表现为增加趋势。由图 8-7 可以看出，在三种坡度下，阔叶林的抗冲指数均高于针叶林、灌草地。

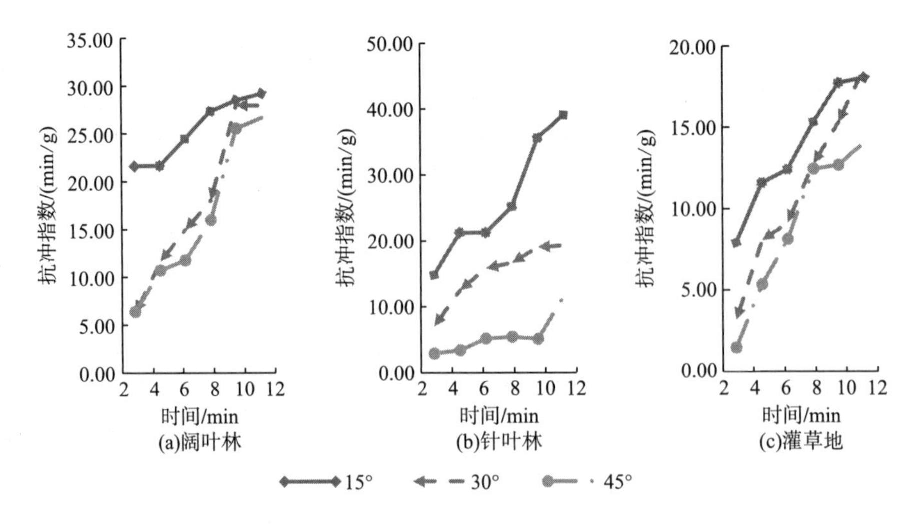

图 8-7 不同森林植被群落下土壤抗冲指数随坡度变化的特征

8.4 小 结

本章通过对实验样地中三种不同植被群落的 0～10cm 和 10～20cm 土壤抗蚀性指标进行评价发现，除有机质指标，其余指标的变化特征均一致。阔叶林表层的土壤抗蚀性明显，下层抗蚀能力弱。灌草丛和针叶林的表层土易发生水土流失，但下层抗蚀性能比较强。通过抗蚀指标间的相关分析可得，该试验区内，土表和下层土壤抗蚀评价优势指标有所差异，0～10cm 土层较显著的是有机质含量、水稳性团聚体、结构破坏率、团聚状况、分散系数、团聚度，而 10～20cm 土层则有机质含量、干筛团聚体、团聚度较为显著。

喀斯特地区不同森林植被群落的土壤抗冲性在冲刷过程中虽有波动，但整体上仍随冲刷时间的延长而增强，这种规律不受地表植被和坡度的影响而改变。综合三种不同喀斯特地区森林植被群落土壤的冲刷情况，可以看出阔叶林地的土壤抗冲性能最好，其次为针叶林，第三为灌草地。坡度对土壤抗冲性产生影响，表现为随着坡度的增加，土壤抗冲性减弱。在喀斯特地区坡度为 45° 的试验条件下，根系对土壤抗冲性影响比较大。

参 考 文 献

包含, 侯立柱, 刘江涛, 等, 2011. 室内模拟降雨条件下土壤水分入渗及再分配试验[J]. 农业工程学院报, 27(7): 70-75.

常学向, 赵爱芬, 王金叶, 等, 2002. 祁连山林区大气降水特征与森林对降水的截留作用[J].高原气象,21(3):275-280.

常玉, 余新晓, 陈丽华, 等, 2014. 模拟降雨条件下林下枯落物层减流减沙效应[J]. 北京林业大学学报, 36(3): 69-74.

陈谋会, 王震洪, 林泽北, 等, 2012. 喀斯特阔叶树种不同特征枯落叶的持水性能[J]. 贵州农业科学, 40(7): 72-76.

陈倩, 周志立, 史深媛, 等, 2015. 河北太行山丘陵区不同林分类型枯落物与土壤持水效益[J]. 水土保持学报, 29(5): 206-211.

陈文亮, 1984. 组合侧喷式野外人工模拟降雨装置[R]. 陕西: 中国科学院西北水土研究所: 43-47.

储双双, 刘颂颂, 韩博, 等, 2013. 华南不同林地地表径流量及氮、磷流失特征[J]. 水土保持学报, 27(5): 99-104.

崔鸿侠, 肖文发, 黄志霖, 等, 2014. 神农架 3 种针叶林土壤碳储量比较[J]. 东北林业大学学报, 42(3): 69-72.

戴晓勇, 张贵云, 崔迎春, 等, 2008. 梵净山不同植被类型枯落物持水特性研究[J]. 贵州林业科技, 36(1): 10-13.

党福江, 戈素芬, 郑娟, 2015. DQSY 型模拟降雨装置研制通报[J]. 中国水土保持科学, 4(5): 99-102.

邸苏闯, 吴文勇, 刘洪禄, 等, 2012. 基于遥感技术的绿地耗水估算与蒸散发反演[J]. 农业工程学报, 28(10): 98-104.

丁访军, 潘忠松, 周凤娇, 等, 2012. 黔中喀斯特地区 3 种林型土壤有机碳含量及垂直分布特征[J]. 水土保持学报, 26(1): 161-164.

董慧霞, 李贤伟, 张健, 等, 2005. 不同草本层三倍体毛白杨林地土壤抗蚀性研究[J]. 水土保持学报, 19(3): 70-74, 79.

杜波, 唐丽霞, 潘佑静, 等, 2017. 喀斯特小流域坡面与流域降雨产流产沙特征[J]. 水土保持研究, 24(1): 1-6.

高甲荣, 肖斌, 张东升, 等, 2001. 国外森林水文研究进展评述[J]. 水土保持学报, 10(5): 60-65.

郭汉清, 韩有志, 白秀梅, 2010. 不同林分枯落物水文效应和地表糙率系数研究[J]. 水土保持学报, 24(2): 179-183.

韩永刚, 杨玉盛, 2007. 森林水文效应的研究进展[J]. 亚热带水土保持, 19(2): 20-25.

何常清, 于澎涛, 管伟, 等, 2006. 华北落叶松枯落物覆盖对地表径流的拦阻效应[J]. 林业科学研究, 19(5): 595-599.

何进, 李洪文, 王松, 等, 2012. 便携式人工模拟降雨装置的设计与率定[J]. 农业工程学报, 28(24): 78-84.

何师意, 冉景丞, 袁道先, 2001a. 西南岩溶地区植被喀斯特效应[J]. 地球学报, 22(2): 159-164.

何师意, 冉景丞, 袁道先, 等, 2001b. 不同岩溶环境系统的水文和生态效应研究[J]. 地球学报, 22(3): 265-270.

贺淑霞, 李叙勇, 莫菲, 等, 2011. 中国东部森林样带典型森林水源涵养功能[J]. 生态学报, 31(12): 3285-3295.

胡向红, 俞筱押, 2014. 喀斯特森林恢复演替过程中枯落物和土壤水文特征研究[J]. 广东农业科学, 41(23): 150-154.
黄昌勇, 2000. 土壤学[M]. 北京: 中国农业出版社.
黄成敏, 艾南山, 姚建, 等, 2003. 西南生态脆弱区类型及其特征分析[J]. 长江流域资源与环境, 12(5): 467-472.
黄茹, 黄林, 何丙辉, 等, 2012. 三峡库区坡地林草植被阻止降雨径流侵蚀[J]. 农业工程学报, 28(9): 70-76.
霍云梅, 毕华兴, 朱永杰, 等, 2015. QYJY-503C 人工模拟降雨装置降雨特性试验[J]. 中国水土保持科学, 13(2): 32-36.
纪晓林, 李强, 许中旗, 等, 2013. 燕山北部山地人工针叶林及天然阔叶林植被层的降水截留量研究[J]. 河北林果研究, 28(1): 61-64.
姜海燕, 赵雨森, 陈祥伟, 等, 2007. 大兴安岭岭南几种主要森林类型土壤水文功能研究[J]. 水土保持学报, 21(3): 149-153.
姜海燕, 赵雨森, 信小娟, 等, 2008. 大兴安岭几种典型林分林冠层降水分配研究[J]. 水土保持学报, 22(6): 197-201.
蒋荣, 张兴奇, 纪启芳, 等, 2012. 坡度和雨强对喀斯特坡面产流产沙的影响[J]. 环境保护科学, 38(5): 13-17.
蒋荣, 张兴奇, 张科利, 等, 2013. 喀斯特地区不同林草植被的减流减沙作用[J]. 水土保持通报, 33(1): 18-22.
靳丽, 戴全厚, 李昌兰, 等, 2016. 喀斯特裸露坡耕地径流养分流失试验研究[J]. 水土保持学报, 30(5): 46-51.
雷丽, 胡国峰, 蔡雄飞, 等, 2015. 湿态石灰土坡面产流产沙过程的人工模拟试验[J]. 贵州农业科学, 43(8): 156-159.
雷志栋, 胡和平, 杨诗秀, 1999. 土壤水研究进展与评述 [J]. 水科学进展, 10(3): 311-318.
李道宁, 王兵, 蔡体久, 等, 2014. 江西省大岗山主要森林类型降雨再分配特征[J]. 应用生态学报, 25(8): 2193-2200.
李红云, 杨吉华, 鲍玉海, 等, 2005. 山东省石灰岩山区灌木林枯落物持水性能的研究[J]. 水土保持学报, 19(1): 44-48.
李华林, 高华端, 胡勤, 等, 2017. 喀斯特地区坡面径流对产沙的影响[J]. 水土保持研究, (2): 26-30.
李玲, 周运超, 尹先平, 2013. 不同降雨模式下石灰土坡地的地表侵蚀特征[J]. 中国水土保持科学, 11(6): 1-6.
李鹏, 李占斌, 郑良勇, 2005. 黄土陡坡就能径流侵蚀产沙特性室内研究实验[J]. 农业工程学报, 21(7), 42-45.
李阳兵, 侯建筠, 谢德体, 2002. 中国西南岩溶生态研究进展[J]. 地理科学, 22(3): 365-370.
李永生, 王棣, 吕皎, 等, 1995. 石灰岩中山区灌木枯落物蓄积量及其水文作用的调查研究[J]. 山西林业科技, (2): 18-22.
梁宏温, 马倩, 温远光, 等, 2016. 不同造林抚育干扰下桉树幼林地水土流失特征[J]. 水土保持通报, 36(6): 26-30.
刘昌明, 2005. 中国水资源的合理利用与保护[R]. 北京: 第八届科博会中国循环经济发展高峰会.
刘菊秀, 温达志, 周国逸, 等, 2000. 广东鹤山酸雨地区针叶林与阔叶林降水化学特征[J]. 中国环境科学, 20(3): 198-202.
刘素媛, 韩奇志, 聂振刚, 等, 1998. SB-YZCP 人工降雨模拟装置特性及应用研究[J]. 土壤侵蚀与水土保持学报, 4(2): 47-53.
刘晓燕, 刘昌明, 杨胜天, 等, 2014. 基于遥感的黄土高原林草植被变化对河川径流的影响分析[J]. 地理学报,

69(11): 1595-1603.
刘玉国, 刘长成, 李国庆, 等, 2011. 贵州喀斯特山地5种森林群落的枯落物储量及水文作用[J]. 林业科学, 47(3): 82-88.
刘再华, 袁道先, 2000. 中国典型表层岩溶系统的地球化学动态特征及其环境意义[J]. 地质论评, 46(3): 324-327.
刘芝芹, 郎南军, 彭明俊, 等, 2013. 云南高原金沙江流域森林枯落物层和土壤层水文效应研究[J]. 水土保持学报, 27(3): 165-169.
柳思勉, 田大伦, 项文化, 等, 2015. 间伐强度对人工杉木林地表径流的影响[J]. 生态学报, 35(17): 5769-5775.
卢红建, 李金涛, 刘文杰, 2011. 西双版纳橡胶林枯落物的水文特性与截留特征[J]. 南京林业大学学报(自然科学版), 35(4): 67-73.
卢振启, 黄秋娴, 杨新兵, 2014. 河北雾灵山不同海拔油松人工林枯落物及土壤水文效应研究[J]. 水土保持学报, 28(1): 112-116.
罗海波, 钱晓刚, 刘方, 等, 2003. 喀斯特山区退耕还林(草)保持水土生态效益研究[J]. 水土保持学报, 17(4): 31-35.
吕文, 杨桂山, 万荣荣, 2016. 太湖流域近 25 年土地利用变化对生态耗水时空格局的影响[J]. 长江流域资源与环境, 25(3): 445-452.
马菁, 宋维峰, 2016. 元阳梯田水源区土壤水分动态变化规律研究[J]. 生态科学, 35(2): 33-43.
莫菲, 于澎涛, 王彦辉, 等, 2009. 六盘山华北落叶松林和红桦林枯落物持水特征及其截持降雨过程[J]. 生态学报, 29(6): 2868-2876.
牛勇, 汪滨, 王玲, 等, 2015. 北京土石山区4种典型林分的水文效应研究[J]. 水土保持研究, 22(5): 113-117.
齐瑞, 杨永红, 陈宁, 等, 2016. 白龙江上游 5 种典型灌木林枯落物蓄积量及持水特性[J]. 水土保持学报, 30(6): 123-127.
茹桃勤, 李吉跃, 孔令省, 等, 2005. 刺槐耗水研究进展[J]. 水土保持研究, 12(2): 135-140.
阮伏水, 吴雄海, 1996. 关于土壤可蚀性指标的讨论[J]. 水土保持通报, 16(6): 68-72.
史晓亮, 李颖, 杨志勇, 2016. 基于 SWAT 模型的诺敏河流域径流对土地利用/覆被变化的响应模拟研究[J]. 水资源与水工程学报, 27(1): 65-69.
苏维词, 2001. 贵州喀斯特山区的土壤侵蚀性退化及其防治[J]. 中国岩溶, 20(3): 217-223.
苏维词, 周济祚, 1995. 贵州喀斯特山地的“石漠化”及防治对策[J]. 长江流域资源与环境, 2(4): 177-182.
孙佳美, 李翰之, 赵阳, 等, 2015a. 构树林下枯落物对坡面流水动力学特性的影响[J]. 水土保持学报, 29(3): 102-105.
孙佳美, 于新晓, 梁鸿儒, 等, 2015b. 模拟降雨条件下不同覆被减流减沙效应与侵蚀影响因子[J]. 水土保持通报, 35(2): 46-51.
孙忠林, 王传宽, 王兴昌, 等, 2014. 两种温带落叶阔叶林降雨再分配格局及其影响因子[J]. 生态学报, 34(14): 3918-3986.
田超, 杨新兵, 李军, 等, 2011. 冀北山地不同海拔蒙古栎林枯落物和土壤水文效应[J]. 水土保持学报, 25(4): 221-226.
田野宏, 满秀玲, 刘茜, 等, 2014. 大兴安岭北部白桦次生林降雨再分配特征研究[J]. 水土保持学报, 28(3):

109-110.
涂成龙, 陆晓辉, 刘瑞禄, 等, 2016. 典型喀斯特流域地表产流输出特征[J]. 长江流域资源与环境, 25(12): 1879-1885.
万师强, 陈灵芝, 2000. 东灵山地区大气降水特征及森林树干流[J]. 生态学报, 20(1): 61-67.
王波, 张洪江, 徐丽君, 等, 2008. 四面山不同人工林枯落物储量及其持水特性研究[J]. 水土保持学报, 22(4): 90-94.
王德连, 雷瑞, 韩创举, 等, 2004. 国内外森林水文研究现状和进展[J]. 西北林学院学报, 19(2): 156-160.
王浩, 胡少伟, 周跃, 2005. 人工模拟降雨装置在水土保持方面的应用[J]. 水土保持研究, 12(4): 188-190.
王辉, 王全九, 邵明安, 2008. 前期土壤含水量对坡面产流产沙特性影响的模拟研究[J]. 农业工程学报, 24(5): 65-68.
王家强, 等, 2014. 土壤学实验实习指导[M]. 成都: 西南财经大学出版社.
王庆玲, 2009. 黔中地区几种喀斯特次生林凋落物生态功能研究[D]. 贵阳: 贵州师范大学.
王庆玲, 龙翠玲, 2009. 黔中地区几种喀斯特次生林枯落物持水性能研究[J]. 西南大学学报(自然科学版), 31(8): 98-102.
王世杰, 季宏兵, 欧阳自远, 等, 1999. 碳酸盐岩风化成土作用的初步研究[J]. 中国科学(D): 地球科学, 2(5): 441-449.
王万忠, 焦菊英, 1996. 中国的土壤侵蚀因子定量评价研究[J]. 水土保持通报, 16(5): 1-20.
王莺, 张雷, 王劲松, 2016. 洮河流域土地利用/覆被变化的水文过程响应[J]. 冰川冻土, 38(1): 200-210.
王佑民, 2000. 中国林地枯落物持水保土作用研究概况[J]. 水土保持学报, 14(4): 108-113.
魏鲁明, 余登利, 陈正仁, 2009. 茂兰喀斯特森林凋落物量的动态研究[J]. 南京林业大学学报(自然科学版), 33(3): 31-34.
魏天兴, 余新晓, 朱金兆, 等, 2001. 黄土区防护林主要造林树种水分供需关系研究[J]. 应用生态学报, 12(2): 185-189.
吴鹏, 崔迎春, 丁访军, 等, 2012. 茂兰喀斯特森林主要演替群落枯落物的水文特性[J]. 林业科技开发, 26(5): 62-66.
吴庆贵, 吴福忠, 谭波, 等, 2016. 高山森林林窗对凋落叶分解的影响[J]. 生态学报, 36(12): 1-9.
吴彦, 刘世全, 王金锡, 1997. 植物根系对土壤抗侵蚀能力的影响[J]. 应用与环境生物学报, 3(2): 119-124.
夏自强, 李琼芳, 2001. 土壤水资源的变化和补给特征研究[J]. 水文, 21(5): 1-5.
肖洪浪, 李锦秀, 赵良菊, 等, 2007. 土壤水异质性研究进展与热点[J]. 地球科学进展, 22(9): 954-959.
肖金强, 张志强, 武军, 2006. 坡面尺度林地植被对地表径流与土壤水分的影响初步研究[J]. 水土保持研究, 13(5): 227-231.
熊康宁, 李晋, 龙明忠, 2012. 典型喀斯特石漠化治理区水土流失特征与关键问题[J]. 地理学报, 67(7): 878-888. .
徐娟, 余新晓, 席彩云, 2009. 北京十三陵不同林分枯落物层和土壤层水文效应研究[J]. 水土保持学报, 23(3): 189-193.
徐丽宏, 时忠杰, 王彦辉, 等, 2010. 六盘山主要植被类型冠层截留特征[J]. 应用生态学报, 21(10): 2487-2493.
徐树建, 2015. 土壤地理学实验实习教程[M]. 济南: 山东人民出版社.

徐志尧, 张钦弟, 杨磊, 2018. 半干旱黄土丘陵区土壤水分生长季动态分析[J]. 干旱区资源与环境, 32(3): 145-151.

许璟, 安裕伦, 胡锋, 等, 2015. 基于植被覆盖与生产力视角的亚喀斯特区域生态环境特征研究——以黔中部分地区为例[J]. 地理研究, 34(4): 644-654.

杨安学, 彭云, 2007. 贵州喀斯特森林生态系统水文生态功能的研究[J]. 安徽农业科学, 35(36): 11995-11997.

杨明德, 梁虹, 2000. 峰丛洼地形成动力过程与水资源开发利用[J]. 中国岩溶, 19(1): 44-51.

姚长宏, 蒋忠诚, 袁道先, 2001. 西南岩溶地区植被喀斯特效应[J]. 地球学报, 22(2): 159-164.

易秀, 李现勇, 2007. 区域土壤水资源评价及其研究进展[J]. 水资源保护, 23(1): 1-5.

俞月凤, 何铁光, 彭晚霞, 等, 2015. 喀斯特峰丛洼地不同类型森林养分循环特征[J]. 生态学报, 35(22): 7531-7542.

袁国富, 罗毅, 邵明安, 等, 2015. 塔里木河下游荒漠河岸林蒸散规律及其关键控制机制[J]. 中国科学: 地球科学, 45(5): 695-706.

袁嘉祖, 朱劲伟, 1984. 森林降水效应评述[J]. 北京林学院学报, 15(4): 47-48.

张洪江, 等, 2010. 重庆四面山森林植物群落及其土壤保持与水文生态功能[M]. 北京: 科学出版社.

张晶晶, 王力, 2011. 黄土高原高塬沟壑区坡面表层土壤水分研究[J]. 水土保持通报, 31(1): 93-97.

张卫强, 李召青, 周平, 等, 2010. 东江中上游主要森林类型枯落物的持水特性[J]. 水土保持学报, 24(5): 130-134.

张喜, 薛建辉, 许效天, 等, 2007. 热带亚热带植物学报[J]. 热带亚热带植物学报, 15(6): 527-537.

张喜, 连宾, 尹浩, 等, 2010. 喀斯特洼地不同森林类型的坡面径流和土壤流失动态[J]. 安徽农业科学, 38(7): 3843-3847.

张志强, 2002. 森林水文过程与机制[M]. 北京: 中国环境科学出版社.

赵洋毅, 周运超, 段旭, 2008. 黔中石灰岩喀斯特表层土壤结构性与土壤抗蚀抗冲性[J]. 水土保持研究, 15(2): 18-21.

郑江坤, 李静苑, 秦伟, 等, 2017. 川北紫色土小流域植被建设的水土保持效应[J]. 农业工程学报, 33(2): 141-147.

郑文辉, 林开敏, 徐昪, 等, 2014. 7 种不同树种凋落叶持水性能的比较研究[J]. 水土保持学报, 28(1): 88-91.

周佳宁, 王彬, 王云琦, 等, 2014. 三峡库区典型森林植被对降雨再分配的影响[J]. 中国水土保持科学, 12(4): 28-36.

周秋文, 罗雅雪, 张思琪, 等, 2017a. 喀斯特地区土壤可蚀性因子空间估算研究进展[J]. 贵州师范大学学报(自然科学版), 35(6): 16-21.

周秋文, 尤倩, 2017b. 喀斯特地区不同林型土壤持水性分析[J]. 水资源与水工程学报, 28(6): 226-231.

周毅, 魏天兴, 解建强, 等, 2011. 黄土高原不同林地类型水土保持效益分析[J]. 水土保持学报, 25(3): 12-16, 21.

周正朝, 上官周平, 2006. 子午岭次生林植被演替过程的土壤抗冲性[J]. 生态学报, 26(10): 3270-3275.

周志立, 张丽玮, 陈倩, 等, 2015. 木兰围场 3 种典型林分枯落物及土壤持水能力[J]. 水土保持学报, 29(1): 207-213.

Cai H, Yang X, Wang K, et al., 2014. Is forest restoration in the Southwest China Karst promoted mainly by climate change or human-induced factors[J]. Remote Sensing, 6(10): 9895-9910.

Cao L, Liang Y, Wang Y, et al., 2015. Runoff and soil loss from Pinus massoniana forest in southern China after simulated rainfall[J]. Catena, 129: 1-8.

Fu B, Wang Y K, et al., 2009. Changes of overland flow and sediment during simulated rainfall on cropland in the Hilly areas of Sichuan basin, China[J]. Nature Progress, 19(8).

Ilek A, Kucza J, Szostek M, 2015. The effect of stand species composition on water storage capacity of the organic layers of forest soils[J]. European Journal of Forest Research, 134(1): 187-197.

Jiang Z, Lian Y, Qin X, 2014. Rocky desertification in Southwest China: Impacts, causes, and restoration[J]. Earth Science Reviews, 132(3): 1-12.

Li X, Niu J, Xie B, 2013. Study on hydrological functions of litter layers in North China[J]. Plos One, 8(7): e70328.

Mei X M, Ma L, Zhu Q K,et al., 2018. Responses of soil moisture to vegetation restoration type and slope length on the loess hillslope[J]. Journal of Mountain Science, 15(3): 548-562.

Neris J, Tejedor M, Rodríguez M, et al., 2013. Effect of forest floor characteristics on water repellency, infiltration, runoff and soil loss in Andisols of Tenerife(Canary Islands, Spain)[J]. Catena, 108: 50-57.

Pote D H, Crigg B C, Blabche C A, et al., 2004. Ettects of pine straw harvesting on quantity and quality of surface runoff[J]. Journal of Soil and Water Conservation, 59(5): 197-203.

Sato Y, Kumagai T, Kume A, et al., 2004. Experimental analysis of moisture dynamics of litter layers: The effects of rainfall conditions and leaf shapes[J]. Hydrological Processes, 18(16): 3007-3018.

She D, Liu D, Xia Y, et al., 2014. Modeling effects of land use and vegetation density on soil water dynamics: Implications on water resource management[J]. Water Resources Management, 28(7): 2063-2076.

Tong X, Wang K, Brandt M, et al., 2016. Assessing future vegetation trends and restoration prospects in the Karst regions of Southwest China[J]. Remote Sensing, 8(5): 357.

Tong X, Wang K, Yue Y, et al., 2017. Quantifying the effectiveness of ecological restoration projects on long-term vegetation dynamics in the karst regions of Southwest China[J]. International Journal of Applied Earth Observation and Geoinformation, 54: 105-113.

Wang S, Fu B, Gao G, et al., 2013. Responses of soil moisture in different land cover types to rainfall events in a re-vegetation catchment area of the Loess Plateau, China[J]. Catena, 101(3): 122-128.

Zhang Z, Chen X, Ghadouani A, et al, 2011. Modelling hydrological processes influenced by soil, rock and vegetation in a small karst basin of southwest China[J]. Hydrological Processes, 25(15): 2456-2470.

Zhao X, Huang J, Wu P, et al., 2014. The dynamic effects of pastures and crop on runoff and sediments reduction at loess slopes under simulated rainfall conditions[J]. Catena, 119(3): 1-7.

Zheng H, Gao J, Teng Y, et al. ,2015.Temporal variations in soil moisture for three typical vegetation types in inner Mongolia, northern China[J]. Plos One, 10(3): e0118964.